Hanna Ayoub
Fethi Bedioui
Michel Cassir

Caractérisation électrochimique de matériaux d'un dispositif capteur

Hanna Ayoub
Fethi Bedioui
Michel Cassir

Caractérisation électrochimique de matériaux d'un dispositif capteur

Comportement électrochimique des électrodes d'un dispositif capteur pour le diagnostic du dysfonctionnement sudomoteur

Presses Académiques Francophones

Impressum / Mentions légales

Bibliografische Information der Deutschen Nationalbibliothek: Die Deutsche Nationalbibliothek verzeichnet diese Publikation in der Deutschen Nationalbibliografie; detaillierte bibliografische Daten sind im Internet über http://dnb.d-nb.de abrufbar.

Alle in diesem Buch genannten Marken und Produktnamen unterliegen warenzeichen-, marken- oder patentrechtlichem Schutz bzw. sind Warenzeichen oder eingetragene Warenzeichen der jeweiligen Inhaber. Die Wiedergabe von Marken, Produktnamen, Gebrauchsnamen, Handelsnamen, Warenbezeichnungen u.s.w. in diesem Werk berechtigt auch ohne besondere Kennzeichnung nicht zu der Annahme, dass solche Namen im Sinne der Warenzeichen- und Markenschutzgesetzgebung als frei zu betrachten wären und daher von jedermann benutzt werden dürften.

Information bibliographique publiée par la Deutsche Nationalbibliothek: La Deutsche Nationalbibliothek inscrit cette publication à la Deutsche Nationalbibliografie; des données bibliographiques détaillées sont disponibles sur internet à l'adresse http://dnb.d-nb.de.

Toutes marques et noms de produits mentionnés dans ce livre demeurent sous la protection des marques, des marques déposées et des brevets, et sont des marques ou des marques déposées de leurs détenteurs respectifs. L'utilisation des marques, noms de produits, noms communs, noms commerciaux, descriptions de produits, etc, même sans qu'ils soient mentionnés de façon particulière dans ce livre ne signifie en aucune façon que ces noms peuvent être utilisés sans restriction à l'égard de la législation pour la protection des marques et des marques déposées et pourraient donc être utilisés par quiconque.

Coverbild / Photo de couverture: www.ingimage.com

Verlag / Editeur:
Presses Académiques Francophones
ist ein Imprint der / est une marque déposée de
OmniScriptum GmbH & Co. KG
Heinrich-Böcking-Str. 6-8, 66121 Saarbrücken, Deutschland / Allemagne
Email: info@presses-academiques.com

Herstellung: siehe letzte Seite /
Impression: voir la dernière page
ISBN: 978-3-8416-2579-3

Copyright / Droit d'auteur © 2013 OmniScriptum GmbH & Co. KG
Alle Rechte vorbehalten. / Tous droits réservés. Saarbrücken 2013

THESE DE DOCTORAT DE
L'UNIVERSITE PIERRE ET MARIE CURIE

Spécialité

Electrochimie

(Ecole doctorale: Génie des procédés et technologies avancées)

Présentée par

M. Hanna Ayoub

Pour obtenir le grade de

DOCTEUR de l'UNIVERSITÉ PIERRE ET MARIE CURIE

Sujet de la thèse :

Caractérisation électrochimique de matériaux d'électrodes d'un dispositif capteur pour le diagnostic clinique du dysfonctionnement sudomoteur

Soutenue le 14 novembre 2011 devant le jury composé de :

Rapporteurs	Dr. Nicole JAFFREZIC
	Dr. Didier HAUCHARD
Examinateurs	Prof. Eliane SUTTER
	Dr. Jean-Henri CALVET
Directeur de thèse	Prof. Michel CASSIR
Co-encadrante	Dr. Sophie GRIVEAU
Invités	Dr. Fethi BEDIOUI (Directeur de thèse)
	Dr. Virginie LAIR (Co-encadrante)

Remerciements

Je tiens en tout premier lieu à remercier mes directeurs de thèse, M. Michel Cassir et M. Fethi Bedioui. Tout d'abord, pour m'avoir donné l'opportunité de réaliser cette thèse au sein de leurs laboratoires, ensuite, pour m'avoir guidé et conseillé à chaque fois que j'en ai eu besoin. Je les remercie également pour m'avoir encouragé et soutenu tout au long de cette thèse.

Mes chaleureux remerciements vont également à mes co-encadrantes, Mme Sophie Griveau et Mme Virginie Lair pour leur gentillesse et pour les nombreux moments qu'elles m'ont accordés durant cette thèse. Leurs remarques et conseils ont beaucoup enrichi la thèse et ont toujours su m'aider à avancer davantage dans mes travaux de recherche.

Je remercie l'ensemble des membres du jury pour l'intérêt qu'ils ont bien voulu porter à ce travail, et plus particulièrement, Mme Eliane Sutter qui m'a fait l'honneur de présider le jury de thèse de doctorat. Je suis très reconnaissant envers Mme Nicole Jaffrezic et M. Didier Hauchard, d'avoir accepté d'être les rapporteurs de ce travail. Je remercie également M. Jean-Henri Calvet d'avoir accepté de participer au jury et d'examiner mon travail.

Je tiens à remercier la société Impeto Médical pour le support financier. Mes chaleureux remerciements s'adressent tout particulièrement à M. Philippe Brunswick, le président de la société pour son écoute, ses conseils et sa disponibilité ainsi qu'à M. Kamel Khalfallah, pour sa disponibilité, ses remarques ainsi que pour ses conseils.

Je tiens à exprimer ma profonde gratitude à Mme Farzaneh Arefi, la directrice de l'école doctorale, pour sa gentillesse, ses conseils ainsi que son soutien.

Ma gratitude s'adresse aussi à M. José Zagal de l'Université de Santiago au Chili, pour sa collaboration fructueuse sur la partie cinétique et de m'avoir accueilli pendant un mois au sein de son laboratoire au Chili.

Je remercie Mme Anouk Galtayries, du laboratoire de physicochimie de surfaces à Chimie ParisTech, pour sa collaboration fructueuse sur la partie analyse de surface.

J'adresse également mes remerciements les plus sincères aux membres des laboratoires LECIME et UPCG pour leur sympathie et leur soutien, tout particulièrement, Mme Armelle Ringuede ainsi que Mme Marine Tassé, Mme Elisabeth Brochet, Mme Agnès Pailloux et Mme Valérie Albin. Je n'oublie certainement pas mes collègues stagiaires, doctorants et docteurs avec qui j'ai partagé les bons moments et qui ont contribué à l'instauration d'une atmosphère de recherche joyeuse et productive. Je remercie particulièrement Bianca, Aziz, Damien, Elise, Thomas, Quentin, Samer, Mosbah, Harry, Noe, Omar…

J'adresse un immense merci à mes amis pour avoir été à mes côtés au besoin. J'adresse également mes remerciements à ma petite sœur Micheline pour son soutien et ses encouragements tout au long de cette thèse.

Je clos enfin ces remerciements en dédiant cette thèse de doctorat à mes parents qui ont fait beaucoup de sacrifices pour que je puisse réaliser mes objectifs.

Table des matières

Introduction générale 9

chapitre 1. Etat de l'art sur le comportement électrochimique du nickel et de l'acier inox 19

   1.A. Cas du nickel 19

      1.A.1 Formation de film passif sur le nickel 19

      1.A.2 Influence du Cl^- sur le comportement électrochimique du nickel .. 22

      1.A.3 Influence du pH sur le comportement électrochimique du Ni 29

   1.B. Cas de l'acier inox 33

      1.B.1 Formation de film passif sur l'acier inox 33

      1.B.2 Comportement électrochimique de l'acier inox 35

      1.B.3 Influence de Cl^- sur le comportement électrochimique de l'acier inox 39

      1.B.4 Influence des carbonates 40

      1.B.5 Influence du pH 42

      1.B.6 Influence de l'ion lactate 42

   1.C. Synthèse de l'analyse bibliographique 43

chapitre 2. Comportement électrochimique du nickel dans des solutions synthétiques contenant les principaux composants de la sueur 47

   2.A. Comportement électrochimique du Ni dans des milieux tampons phosphates (PBS) 49

      2.A.1 Influence du pH : 49

      2.A.2 Influence de la concentration en Cl^- 53

      2.A.3 Influence de la nature du tampon : 55

      2.A.4 Conditions expérimentales permettant le « rafraîchissement » de la surface des électrodes 58

   2.B. Comportement électrochimique du Ni dans des milieux tampons carbonates (CBS) 60

      2.B.1 Influence du pH 61

2.B.2 Influence de la concentration en Cl⁻ 63

2.B.3 Influence de la présence d'urée et de lactate et de la concentration du tampon 66

2.B.4 Conditions expérimentales permettant le « rafraîchissement » des électrodes 68

2.C. Conclusion 71

chapitre 3. Simulation des tests cliniques et vieillissement électrochimique du capteur Ni 75

3.A. Comportement électrique de la peau et simulation des tests cliniques .. 75

3.A.1 Comportement électrique de la peau 75

3.A.2 Simulation électrochimique des mesures électriques des tests cliniques 82

3.B. Vieillissement électrochimique du nickel 91

Chapitre 4 : Analyse de la cinétique des réactions électrochimiques liées à la dissolution localisée du nickel dans des milieux reproduisant les conditions de salinité et d'acidité de la sueur 119

Chapitre 5 : Comportement électrochimique de l'acier inox 304L dans des solutions mimant la composition de la sueur 137

Conclusion générale 163

Références bibliographiques (relatives à la partie non présentée sous formes d'articles) 169

Annexes 175

Résumé 181

Introduction générale

Introduction générale

Le diabète est un désordre métabolique caractérisé par une hyperglycémie chronique avec des perturbations des teneurs en hydrate de carbone, du métabolisme des graisses et de certaines protéines résultant d'une perturbation dans la sécrétion d'insuline et/ou de l'action de l'insuline elle-même. L'Organisation mondiale de la santé (OMS) estimait à plus de 220 millions le nombre de diabétiques dans le monde en 2010. Si aucune mesure n'est prise, il est probable qu'il y en aura plus du double en 2030. Ceci fait que cette maladie représente l'un des plus graves problèmes de santé publique à l'échelle mondiale. Sa prévalence est en constante augmentation, sous l'effet combiné du vieillissement des populations et des changements de mode de vie. Le dépistage des patients à risque et la détection précoce du pré-diabète et du diabète sont indispensables pour empêcher les complications souvent irréversibles et pour freiner la progression de la maladie. En effet, le diabète de type 2 progresse souvent discrètement, sans symptômes cliniques notables, restant méconnu jusqu'aux premières complications.

Un indicateur précoce du diabète est le dysfonctionnement des glandes sudoripares qui était jusqu'à présent difficile à quantifier. En fait, le diabète affecte le système nerveux périphérique sans symptômes cliniquement manifestes. Les petites fibres nerveuses (fibres C) sont ses toutes premières victimes. Une étude récente a montré que l'innervation sympathique des glandes sudoripares eccrines se dégradait progressivement dès le début de l'évolution du diabète [1]. L'atteinte du système autonome qui contrôle les glandes sudoripares provoque un déséquilibre dans la balance ionique au niveau des canaux sudorifères des glandes sudoripares. Ceci est surtout mis en évidence lors d'une faible stimulation électrique au niveau de la peau. Ce déséquilibre est indépendant de la température ambiante ou de l'effort physique.

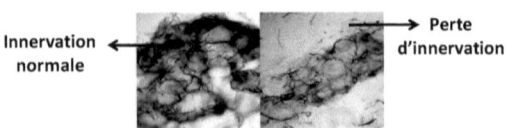

Figure 1 : Innervation normale d'une glande sudoripare à l'extrémité distale du membre inférieur (pied) chez un sujet en bonne santé (à gauche). La perte d'innervation de la glande sudoripare chez un patient diabétique se caractérise par une diminution des fibres (en noir/bleu) et indique une neuropathie autonome (à droite).

SUDOSCAN^{TM} est une nouvelle technologie [2] développée par la société « Impéto Medical ». Cette technologie basée sur « l'iontophorèse inverse » permet de mesurer l'impact du diabète de façon précoce sur le fonctionnement des glandes sudoripares eccrines. L'iontophorèse repose sur le principe général selon lequel les charges semblables se repoussent et, les charges opposées s'attirent. C'est une technique généralement utilisée pour améliorer l'absorption des médicaments à travers les tissus biologiques comme la peau. Elle permet d'introduire dans un organisme des agents médicamenteux sous forme ionique à l'aide d'un courant électrique continu. En fait, la pénétration à travers la peau ou d'autres surfaces épithéliales est généralement très lente en raison de leurs propriétés de barrière.

L'iontophorèse inverse est une méthode par laquelle des ions sont extraits à travers la membrane formée par la peau et détectés par un capteur. Ceci permet de mesurer l'équilibre ionique (Na^+, Cl^-, H^+...) dans les canaux sudorifères. En effet, durant les mesures cliniques, une basse tension continue d'amplitude variable est appliquée sur des électrodes en contact avec la peau (figure 2). Ceci permet d'extraire les composants ioniques de la sueur et de stimuler les glandes sudoripares eccrines.

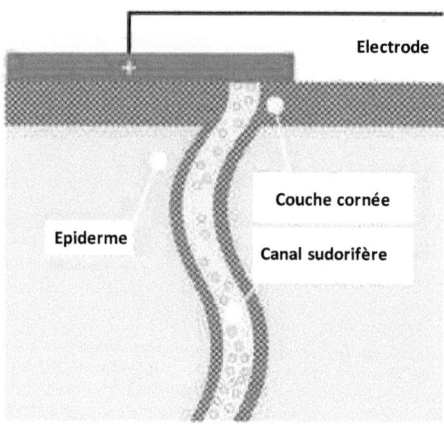

Figure 2 : Basse tension continue d'amplitude variable est appliquée sur des électrodes en contact avec la peau.

L'étude systématique des principaux paramètres de la sueur [3, 4], montre que les gammes de concentration attendues des principaux composants de la sueur varient selon les valeurs résumées dans le tableau 1 et indique que la valeur du pH varie entre 5 et 7,4.

Tableau 1 : Gammes de variation des principaux composants de la sueur

[HCO_3^-]/mM	[Cl^-]/mM	[Na^+]/mM	[lactate]/mM	[urée]/mM
18-36	24-120	24-120	5-20	5-20

La technologie SUDOSCAN^{TM} permet d'obtenir des résultats immédiats à la suite d'un test simple d'une durée de 2 minutes. Pendant ce test, six électrodes en nickel sont positionnées sur des régions du corps où la densité des glandes sudoripares est élevée (plante des pieds, paume des mains et front) (figure 3). Une basse tension continue d'amplitude variable est ensuite appliquée entre des combinaisons de 2 des 6 électrodes. En effet, au cours du test 6 combinaisons de 15 différentes tensions (de 1 à 4 V) sont appliquées. Ces électrodes jouent alternativement le rôle de cathode et d'anode et ne subissent pas de traitement spécifique avant chaque mesure (à part un nettoyage avec une solution antiseptique avant chaque mesure).

Figure 3 : Test clinique durant lequel 6 électrodes sont placées sur la plante des pieds, paume des mains et front.

Le courant électrique généré est dû aux réactions électrochimiques produites à la surface des électrodes en contact avec la sueur. Ce courant est mesuré en fonction des potentiels anodiques appliqués (I vs E), en fonction des potentiels cathodiques induits sur la contre- électrode (I vs V) et en fonction de leurs différences (I vs U = E + I V I) (figure 4). Les potentiels anodiques et cathodiques induits sont référés aux autres électrodes de nickel non polarisées. L'allure des courbes obtenues durant les tests cliniques semble être très influencée par la variation des principaux paramètres de la sueur.

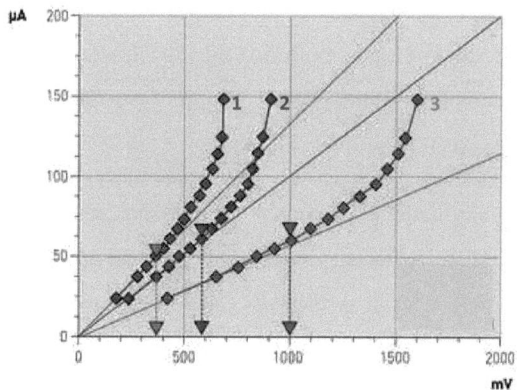

Figure 4 : Exemple des résultats électrochimiques obtenus durant le test. 1 : I vs E (potentiels anodiques appliqués) ; 2 : I vs IVI (potentiels pris par la contre électrode) ; 3 : I vs U=E+IVI.

Un algorithme utilisant principalement les résultats électrochimiques obtenus et un modèle théorique des propriétés électriques de la peau humaine, produit un score représentant le risque de prédiabète, de diabète et de complications du système. En effet, il existe une corrélation directe entre les altérations des fonctions sudomotrices, telles que la variation du pH et la capacité à libérer des ions chlorure, et la neuropathie diabétique que cette technologie peut détecter à un stade précoce. Ceci fournit une alternative non invasive à la mesure des taux du glucose dans le sang pour le dépistage du diabète et du pré-diabète.

Il est à noter que la neuropathie diabétique est une maladie qui apparaît lorsque le système nerveux est déréglé ou physiquement endommagé à cause d'une forte glycémie. Ceci peut provoquer la perte d'innervation des glandes sudoripares et mène aux altérations des fonctions sudomotrices. En fait, une hausse de la glycémie peut entraîner une obstruction des vaisseaux sanguins qui vascularisent les nerfs. Lorsqu'ils sont abîmés, ces vaisseaux sanguins peuvent libérer des éléments nocifs pour les nerfs, provoquant ainsi leurs altérations, voire leur incapacité à obtenir suffisamment d'oxygène.

D'une manière générale, la technologie SUDOSCAN^{TM} est capable, à travers les réactions électrochimiques produites à la surface des électrodes, de mesurer la capacité des glandes sudoripares à libérer les différents ions. Il s'agit d'un test dynamique équivalent à un test de stress.

Une étude préliminaire [5] faite sur le comportement électrochimique du nickel, dans des solutions reproduisant les conditions inhérentes à la surface de la peau a montré que les caractéristiques courant-tension sont principalement influencées par la variation de la concentration en ions chlorure.

Les résultats cliniques obtenus sont très prometteurs quant à une commercialisation de cette technique rapide, moins coûteuse, et, surtout, moins contraignante, puisque non invasive pour les patients, que les techniques classiquement utilisées à ce jour. Mais l'exploitation de cette technologie exige une meilleure compréhension des phénomènes physico-chimiques mis en jeu ainsi qu'un suivi du fonctionnement des électrodes après leurs vieillissements après utilisation longue. Etant donné que les électrodes de nickel peuvent entraîner d'éventuelles réactions allergiques chez certains patients, une étude d'un matériau de substitution est également importante. L'inox 304 L étant un matériau non allergène, une étude de son comportement électrochimique et notamment sa sensibilité à la variation des paramètres clés de la sueur, est nécessaire pour valider (ou non) cet éventuel matériau de remplacement. Dans ce contexte, nous avons réalisé :

- Dans un premier temps, une analyse bibliographique sur le comportement électrochimique du nickel et de l'acier inox (notamment les aciers 304L et 316L) dans des milieux aqueux reproduisant les conditions d'acidité et/ou de salinité de la sueur. Cette analyse bibliographique sera décrite dans le premier chapitre.
- Ensuite, une étude approfondie du comportement électrochimique du nickel a été menée dans des solutions reproduisant la composition de la sueur et à

l'aide d'un montage ayant la même configuration d'électrodes que celui de l'appareil de tests cliniques. Notre objectif est d'appréhender les phénomènes physico-chimiques mis en jeu lors des tests cliniques et de définir les paramètres clés de la sueur pour la détection précoce du diabète. Nous détaillerons les principaux résultats obtenus dans le chapitre 2.

- Afin de corréler ces résultats obtenus « in vitro » à ceux des mesures cliniques, une simulation de ces tests a été ensuite réalisée dans des solutions reproduisant la composition de la sueur. Les principaux résultats seront détaillés dans la première partie du chapitre 3, présentée sous la forme d'un article publié dans le journal « Sensors Letters ». De plus, nous rapporterons dans cette première partie, une synthèse des résultats obtenus lors de notre étude « in vitro » du comportement électrique de la peau, mimée par plusieurs membranes artificielles. Par ailleurs, lors des tests cliniques, les électrodes de nickel jouent alternativement le rôle d'anode et de cathode et ne subissent pas de traitement spécifique avant chaque mesure. Une analyse de l'évolution des propriétés du nickel est donc nécessaire pour assurer le bon fonctionnement de l'appareil. Pour cela, nous avons mimé un vieillissement électrochimique du nickel. Ce vieillissement a été suivi par une analyse de surface par spectroscopies « XPS et SIMS ». Nous détaillerons les principaux résultats obtenus dans la deuxième partie du chapitre 3, présentée sous la forme d'un article publié dans le journal « Applied Surface Science ».

- Dans le chapitre 4, nous montrons les principaux résultats de notre analyse cinétique des différentes réactions électrochimiques ayant lieu à la surface des électrodes. Ce chapitre est présenté sous la forme d'un article publié dans le journal « Electroanalysis ». Cette étude a été menée afin de définir les mécanismes des réactions électrochimiques et pour compléter un modèle théorique des signaux électriques obtenus lors des tests cliniques.

- Enfin, les électrodes de nickel sont susceptibles d'entraîner d'éventuelles réactions allergiques chez certains patients, les études électrochimiques ont été étendues à l'analyse de l'acier inox 304L dans des solutions mimant la composition de la sueur. L'objectif de cette partie est de définir la sensibilité de ce matériau à la composition de la sueur et sa capacité à détecter la variation des paramètres clés de la sueur. Les principaux résultats seront détaillés dans le chapitre 5, présenté sous la forme d'un article publié dans le journal « Electroanalysis»

Chapitre 1

Etat de l'art sur le comportement électrochimique du nickel et de l'acier inox

chapitre 1. Etat de l'art sur le comportement électrochimique du nickel et de l'acier inox

1.A. Cas du nickel

Dans un premier temps, une recherche bibliographique a été réalisée sur le comportement électrochimique du nickel. Nous nous sommes principalement intéressés aux différentes réactions électrochimiques ayant lieu à la surface du nickel en milieux proches des conditions physiologiques, ainsi qu'à l'influence des différents paramètres de la sueur sur ce comportement. Néanmoins, il s'est avéré que la majorité des études ont été réalisée dans des milieux acides ou alcalins. Par ailleurs, très peu d'études ont exploré l'influence de certains paramètres comme à la présence de l'urée et de lactate.

1.A.1 Formation de film passif sur le nickel

Le nickel étant est un matériau réducteur, une couche d'oxyde peut apparaître à sa surface en solution aqueuse par attaque oxydante (O_2 et OH^- de l'eau). Cette couche d'oxyde forme un film passif. Ce film ralentit une des étapes clés du processus de corrosion, soit le transport de matière jusqu'à l'interface métallique, soit le transfert d'électrons nécessaires relatifs à l'oxydation parce que le film est peu conducteur.

La figure 5 montre le diagramme potentiel-pH dans un milieu exempt de chlorure. Il permet de déterminer les domaines de stabilité des différentes formes oxydées et réduites du nickel. De plus, pour un pH donné, il permet de prévoir les réactions à l'électrode (en considérant que les systèmes électrochimiques sont rapides). Les segments tracés sont les frontières $E° = f$

(pH) limitant les domaines de prédominance des espèces indiquées (pour des concentrations de 1 mol.L^{-1}). Les limites de stabilité de l'eau sont également portées sur la figure (pour des pressions de O$_2$ et H$_2$ de 1 bar).

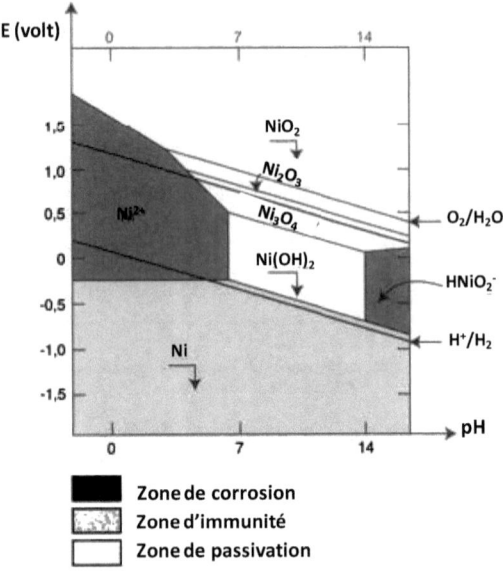

Figure 5 : Diagramme de Pourbaix du système nickel/eau. Les flèches brisées correspondent aux espèces qui précipitent : oxydes et hydroxydes forment ainsi une couche étanche protégeant le métal en profondeur [6].

D'après Delcourt et coll. [6], le diagramme de Pourbaix du système nickel/eau (figure 5) montre que le nickel est oxydable par O$_2$ quelque soit le pH : cependant pour 6 < pH < 13, l'espèce oxydée est très peu soluble (oxyde ou hydroxyde). Le solide formé se dépose en couche compacte et étanche à la surface du métal.

Il reste un désaccord considérable dans la littérature, concernant la nature et la structure du film passif notamment dans des solutions neutres et alcalines :

D'après Hummel et coll. [7], la majorité des travaux réalisés sur le comportement électrochimique du nickel dans des solutions neutres ont attribué le film passif formé à la surface de l'électrode à l'oxyde NiO. Cependant, il a été suggéré dans d'autres études que NiOOH, Ni_3O_4 et NiO_2 pourraient, l'un ou l'autre, être également responsable de la formation du film passif.

Okuyama et Haruyama [8] ont étudié la passivation du nickel dans des solutions tampon borate à pH 8,39. En comparant les résultats électrochimiques obtenus aux données thermodynamiques et aux travaux de la littérature, Ils ont déduit que le film passif est composé de NiO et de Ni_3O_4 (oxydation de Ni en NiO vers -600 mV_{SCE} et de Ni en Ni_3O_4 vers -400 mV_{SCE}).

Les résultats obtenus par MacDougall et Cohen [9] suggèrent que le film passif formé sur le nickel dans des solutions sulfates, dans une gamme de pH entre 2 et 8,4, est composé de NiO. Sato et Kudo [10] ont étudié le comportement électrochimique du nickel dans des solutions tampons borates à pH 8,42. Ils ont également indiqué que le film passif formé à la surface de l'électrode est composé exclusivement de NiO.

Nishimura et coll. [11] ont étudié la nature du film passif formé sur le nickel dans des solutions tampons borate à pH 8,4. Le film passif est formé d'une couche interne de NiO et d'une couche externe de $Ni(OH)_2$. Martini et coll. [12] ont trouvé 2 pics anodiques vers -250 et -50 mV_{SCE}, en balayant le potentiel sur le nickel entre -1000 et +1000 mV_{SCE} dans des solutions tampon phosphate à pH 6. En se référant à la littérature, ils ont attribué ces 2 pics à l'oxydation de Ni(0) en Ni(II), menant à la formation d'un film passif composé probablement d'une couche interne de NiO et d'une couche externe de $Ni(OH)_2$ contenant des anions $H_2PO_4^-$. Oblonsky et coll. [13] ont eu recours à la spectroscopie Raman pour analyser la nature du film passif formé sur le nickel dans des solutions tampon borate à pH 8,4. Leurs analyses montrent que ce film est composé de $Ni(OH)_2$ et de NiO.

Tableau 2 : Récapitulatif des différents résultats de la littérature.

Références	Milieu	pH	Nature du film passif
Okuyama et coll. [8]	Tampon borate	8,39	NiO et Ni_3O_4
MacDougall et coll. [9]	Sulfate	2-8,4	NiO
Sato et coll. [10]	Tampon borate	8,42	NiO
J.L.Ord et coll.[14]	Sulfate et borate	neutre	NiO
Nishimura et coll. [11]	Tampon borate	8,4	Couche inerte NiO Couche externe $Ni(OH)_2$
Martini et coll. [15]	Tampon phosphate	6	Couche inerte NiO Couche externe $Ni(OH)_2$ $+H_2PO_4^-$
Oblonsky et coll. [13]	Tampon borate	8,4	$Ni(OH)_2$+ NiO

1.A.2 Influence du Cl⁻ sur le comportement électrochimique du nickel

La présence d'éléments agressifs dans l'environnement du métal ou dans le métal lui-même modifie son comportement électrochimique. Lorsque la solution contient des ions agressifs (Br⁻, Cl⁻, F⁻...), ceux-ci peuvent induire des ruptures locales du film passif menant à une corrosion localisée si la surtension appliquée et la concentration des ions chlorure sont suffisamment élevées. Ceci peut se manifester sur les courbes de polarisation par une augmentation brusque de courant de dissolution anodique à un potentiel nommé le « potentiel de piqûration (noté E_b ou E_p) ». Généralement, E_b est défini comme étant l'intersection de la tangente au mur anodique (lié à la corrosion localisée), avec l'axe des potentiels (figure 6).

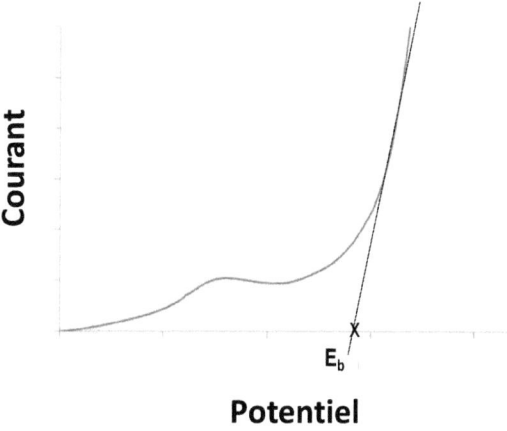

Figure 6 : Courbe illustrative de la méthode utilisée pour déterminer le potentiel de piqûration (E_b) à partir des courbes de polarisation.

Milosev et Kosec [15] ont étudié le comportement électrochimique du nickel dans une solution de sueur artificielle. Cette solution aqueuse est formée de 0,5 % de NaCl, 0,1 % d'acide lactique et 0,1 % d'urée. Le pH de la solution est ajusté à 6,5. La figure 7 montre plusieurs cycles voltampérométriques enregistrés sur le nickel, en augmentant progressivement le potentiel anodique maximal (E_a). Ces cycles montrent successivement :

- L'apparition d'un petit pic N1 vers $-0,35 V_{SCE}$,
- l'apparition d'un autre pic N2 vers $-0,1 V_{SCE}$,
- un plateau de densité de courant,

- et un mur vers 0,3 V_{SCE}.

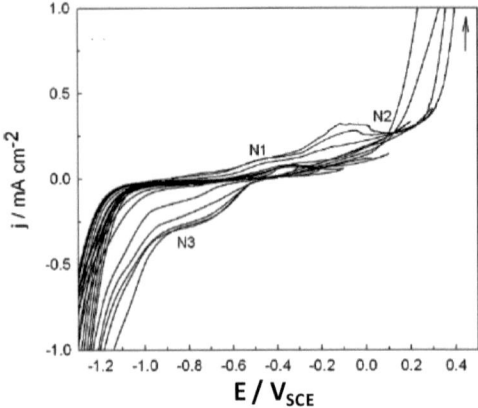

Figure 7 : Voltampérogrammes cycliques obtenus sur nickel en augmentant progressivement le potentiel anodique maximal (E_a) dans une solution de sueur artificielle. Vitesse de balayage=10mV.s^{-1} [15].

Milosev et Kosec [15] ont attribué les pics N1 et N2 à la formation de produits solubles constitués d'espèces Ni(II), menant à la formation d'une couche d'oxyde Ni(OH)$_2$ selon [16] :

$Ni + H_2O = Ni(H_2O)_{ad} = Ni(OH)_{ad} + H_{aq}^+ + e^-$

$Ni(H_2O)_{ad} + Cl^- = Ni(ClOH)^-_{ad} + H^+_{(aq)} + e^-$

$Ni(OH)_{ad} + H^+_{(aq)} = Ni^{2+}_{aq} + (H_2O)_{ad} + e^- = Ni(OH)_2$

Lorsque E_a est supérieur à -0,1 V_{SCE}, la figure 7 montre l'apparition d'un pic cathodique, N3, vers -0,72V_{SCE}. Ce pic a été attribué à la réduction de Ni(OH)$_2$. Il est suivi d'un mur de courant cathodique dû principalement à la réduction de l'eau.

Le mur anodique observé à 0,3 V_{SCE} est dû à la corrosion localisée du nickel, résultant de la destruction du film passif suite à l'attaque des ions Cl^-.

Nguyen et Foley [17] ont décrit la rupture du film passif par des ions agressifs tel que Cl^- en proposant les étapes suivantes :

a) Adsorption compétitive entre les ions agressifs et les espèces H_2O et OH^- qui favorisent la formation du film passif. Selon la nature de la solution, d'autres espèces peuvent être également en adsorption compétitive avec les ions agressifs.
b) Les ions agressifs s'introduisent dans la couche d'oxyde probablement à travers les défauts ou les fissures et attaquent la surface métallique nue.
c) Les ions agressifs diffusent à travers le réseau cristallin de la couche d'oxyde.
d) Les ions agressifs s'adsorbent sur la couche d'oxyde. Ils peuvent ensuite former des complexes avec les ions métalliques de la couche d'oxyde menant à une dissolution chimique.

Tantawi et Al Kharafi [18] ainsi que Abd El Aal [19] ont eu recours à ces hypothèses pour établir le mécanisme suivant :

$Ni + X^- = Ni(X)^-_{ads}$

Où $X^- = Cl^-$, Br^- ou I^-

$Ni(X)^-_{ads} = NiX + e^-$

$NiX + OH^- \rightarrow Ni(X)(OH)_{aq} + e^-$

et/ou

$NiX + X^- \rightarrow NiX_2 + e^-$

Ceci montre clairement que l'augmentation de la concentration d'halogénure X^- augmente la solubilité de la couche d'oxyde en formant probablement des espèces solubles telles que Ni(X)(OH) ou NiX_2.

Différentes études, concernant l'influence de Cl^- sur le comportement électrochimique du nickel dans des solutions aqueuses, ont été menées, notamment sur la détermination des potentiels de piqûration. Une augmentation du potentiel de piqûration a été détectée, en augmentant la concentration de Cl^-. Ces études ont également signalé une évolution logarithmique entre la concentration de Cl^- et E_b :

- El Haleem et El Wanees [20] ont étudié le comportement électrochimique du nickel dans des solutions alcalines (0,01 ; 0,05 et 0,1 $mol.L^{-1}$ NaOH) contenant différentes concentrations de Cl^-, à une vitesse de balayage de 25 $mV.s^{-1}$. Ils ont trouvé une variation linéaire de E_b en fonction du Log ([NaCl]) (figure 8). Cette variation est de la forme : $E_b = a - bLog([Cl^-])$. Le tableau 3 montre les valeurs de a et b, trouvées pour différentes concentrations de NaOH. On note que la pente obtenue est de l'ordre de 0,35 V/décade, quelque soit la concentration en ions chlorure.

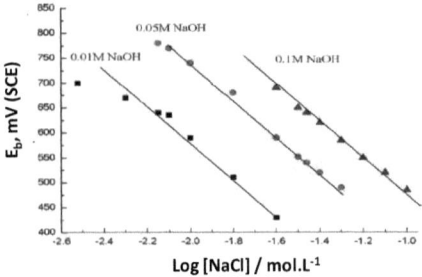

Figure 8 : Variation du E_b en fonction du logarithme de la concentration de Cl^-. E_b est tiré des courbes de polarisation obtenues sur le nickel dans des solutions NaOH de concentration 0,01 ; 0,05 et 0,1 $mol.L^{-1}$ et contenant différentes concentrations de Cl^- [20].

Tableau 3 : Les valeurs de a et b, trouvées pour différentes concentrations de NaOH [20].

[NaOH] / mM	a / V_{SCE}	b / V_{SCE} décade^{-1}
0,01	-0,198	0,393
0,05	-0,13	0,379
0,1	0,145	0,336

- Abd El Aal [19] a étudié le comportement électrochimique du nickel dans des solutions tampons borates (10^{-2} mol.L^{-1} $Na_2B_4O_7$, pH 9,15) contenant différentes concentrations d'ions agressifs X$^-$ (Cl$^-$, Br$^-$ ou I$^-$).

Dans tous les cas, une variation linéaire de E_b en fonction du logarithme de la concentration d'ions agressifs a été trouvée (figure 8). Cette variation est de la forme : $E_b = a - b\mathrm{Log}([X^-])$.

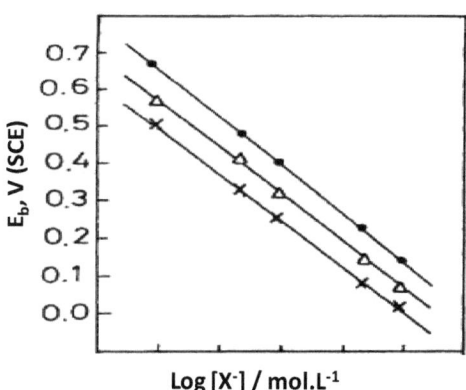

Figure 9 : Variation du E_b, en fonction du logarithme de la concentration de : (x) Cl$^-$, (Δ) Br$^-$ et (.) I$^-$. E_b est déduit des courbes de polarisation obtenus sur le nickel dans des solutions $Na_2B_4O_7$ (0,01 mol.L^{-1}, pH 9,15) et contenant différentes concentrations de I$^-$ ou Br$^-$ ou Cl$^-$ [19].

La pente « b », des droites quasi-parallèles trouvées, est égale à 0,25 V.decade^{-1}. En revanche, la constante « a » dépend de la nature de l'ion agressif dans le milieu et prend, respectivement, les valeurs de -0,25, -0,18 et -0,1 V pour Cl$^-$, Br$^-$ et I$^-$.

- Kosec et Milosev [21] ont également trouvé dans des solutions tampons borates (0,022 mol.L^{-1} Na$_2$B$_4$O$_7$, pH 9,2) contenant différentes concentrations de Cl$^-$, une variation linéaire de E$_b$ en fonction du logarithme de la concentration de Cl$^-$ est sous la forme : E$_b$ = 0,1 − 0,2 Log ([Cl$^-$])
- Susseck et Kesten [22] ont indiqué que dans des solutions K$_2$SO$_4$ et KOH à pH 8 et 9,6 respectivement, les pentes « b » obtenues, pour l'évolution linéaire de E$_b$ en fonction du Log Cl$^-$, sont similaires et ont une valeur proche de 0,24 V.
- Strehblow et Titze [23] ont montré que dans une solution tampon phthalate à pH 5, la variation linéaire de E$_b$ en fonction de Log Cl$^-$ est de la forme :
 E$_b$ = 0,1 − 0,22 Log ([Cl$^-$])

En effectuant la synthèse des différents résultats obtenus par les différents auteurs, nous en déduisons que la pente « b » des courbes E$_b$ = f(log[Cl$^-$]) varie légèrement et prend une valeur moyenne de 0,3 ± 0,1, tandis que la constante « a » est plus affectée par les conditions expérimentales.

Néanmoins, cette loi logarithmique communément admise pour le nickel, n'a pas été clairement justifiée par les différents auteurs.

1.A.3 Influence du pH sur le comportement électrochimique du Ni

Le comportement électrochimique et la passivation du nickel ont été étudiés par Chao et coll. [24] sur une large gamme de pH dans différents milieux tampon phosphate. La figure 10 montre l'effet du pH sur les courbes de polarisation obtenues sur le nickel dans une gamme du pH comprise entre 1,5 et 12,6. Toutes les mesures ont été réalisées à une vitesse de balayage de 50 mV.min^{-1}.

Les résultats montrent que le pH de la solution a une forte influence sur le comportement électrochimique du nickel (figure 10) :

- Dans une solution très acide (pH = 1.5), le voltampérogramme présente deux pics d'oxydation.
- En solution modérément acide (pH=4,5), un seul pic est observé.
- Dans des solutions basiques (pH= 9,1 et pH= 12,6), un plateau anodique est observé sans l'apparition de pic.

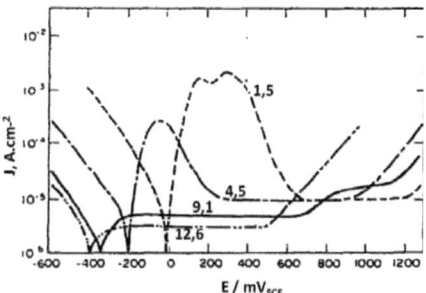

Figure 10 : Voltampérogrammes linéaires obtenus sur le nickel dans différentes solutions tampons (0,033 mol.L^{-1} H$_3$PO$_4$ à pH 1,5 ; 0,05 mol.L^{-1} NaH$_2$PO$_4$ à pH 4,5 ; 0,1 mol.L^{-1} Na$_2$HPO$_4$ à pH 9,1 ; 0,1 mol.L^{-1} Na$_3$PO$_4$ à pH 12,6). Vitesse de balayage = 50 mV.min^{-1}[24].

Refaey et coll. ont étudié le comportement électrochimique de l'alliage Sn-Ni dans des solutions NaCl 0,5 mol.L^{-1} [25]. La description du comportement de cet alliage dans ces solutions aqueuses (NaCl 0,5 mol.L^{-1}) permet de connaître le comportement électrochimique du nickel dans des conditions proches de nos conditions expérimentales.

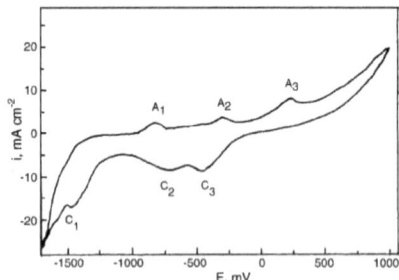

Figure 11 : Voltampérométrie cyclique sur une électrode Sn-Ni dans une solution contenant 0,5 mol.L^{-1} NaCl (pH 6,6). Vitesse de balayage = 20 mV.s^{-1}[25].

La partie anodique du cycle voltampérométrique obtenu par Refay et coll. [25] montre trois pics de dissolution (figure 11) ; les pics A_2 et A_3 ont été attribué comme suit :

- Le second pic (A_2) vers -300 mV$_{SCE}$ a été attribué à la dissolution anodique du nickel dans l'alliage selon les réactions suivantes[26]:

  Ni+OH$^-$ → NiOH$^+$ +2e$^-$

  NiOH$^+$ → NiO + H$^+$

- Le troisième pic anodique (A_3) vers 250 mV$_{SCE}$ a été attribué à la transformation de NiO en Ni$_3$O$_4$ selon la réaction suivante[26] :

  3NiO +H$_2$O = Ni$_3$O$_4$+2H$^+$+2e$^-$

En augmentant le potentiel anodique, Refaey et coll. ont remarqué une augmentation brusque du courant, due à la corrosion localisée du l'alliage suite à l'attaque de Cl$^-$.

Cathodiquement, le pic C_3 a été attribué à la réduction de Ni_3O_4 en NiO et le pic C_2 à la réduction de NiO en Ni [25].

Refaey et coll. ont également étudié l'effet du pH sur le comportement électrochimique de l'alliage[25]. L'intensité des trois pics anodiques diminue avec l'augmentation du pH. De plus, le potentiel de piqûration (E_b) diminue linéairement avec la diminution du pH (figure 12) :

$E_b = a + b\,pH$ avec b = 0,021 V/décade.

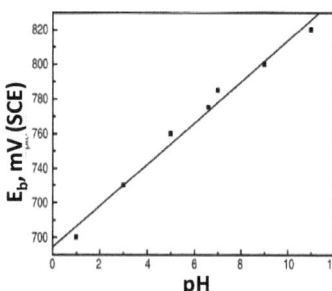

Figure 12 : Variation de E_b en fonction du pH. E_b est déduit des courbes de polarisation obtenues sur Sn-Ni dans des solutions NaCl (0,5 mol.L^{-1}) à différentes valeurs du pH [19, 25]

Refaey et coll. ont interprété les résultats par le fait que l'augmentation du pH favorise la formation d'un film passif plus stable, résistant mieux à l'attaque de Cl$^-$.

Abd el Aal [19] a étudié l'influence du pH sur le comportement électrochimique du nickel dans une solution tampon borate (10^{-2} mol.L^{-1} $Na_2B_4O_7$) contenant 10^{-1} mol.L^{-1} de NaCl. Dans une gamme de pH entre 9 et 12, le potentiel de piqûration (E_b) augmente linéairement avec le pH (figure 13) :

$E_b = a + b\,pH$ avec a = -1,46 V et b = 0,16 V.décade^{-1}.

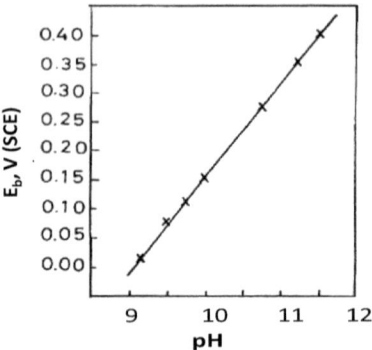

Figure 13 : Variation de E_b en fonction du pH. E_b est extrait des courbes de polarisation obtenues sur le nickel dans des solutions tampons borates (0,01 mol.L^{-1}) à différents pH, et contenant 10^{-1} mol.L^{-1} NaCl [19].

L'influence du pH sur E_b a été interprétée de la même manière que Refaey et coll. : une augmentation de la valeur du pH favorise la formation d'un film passif plus résistant vis-à-vis de l'attaque de Cl$^-$.

Les résultats obtenus par ces différents auteurs, sur l'influence du pH sur le comportement anodique du nickel, peuvent être résumés comme suit :

- Dans des milieux acides, l'intensité des courants de dissolution du nickel dans le domaine « actif-passif » est plus élevée par rapport à celle trouvée dans des milieux neutres et alcalins. Ceci est dû au fait que les milieux acides favorisent la dissolution du nickel.
- L'augmentation du pH aide à la formation d'un film passif plus stable et plus résistant à l'attaque des ions agressifs comme les Cl$^-$.
- Le potentiel de piqûration (E_b ou E_p) a une évolution linéaire avec le pH.

1.B. Cas de l'acier inox

Dans un deuxième temps, une recherche bibliographique sur le comportement électrochimique de l'acier inox a été également réalisée en vue du remplacement du nickel par l'acier dans le dispositif médical. De même que pour le nickel, il s'avère que la majorité des travaux ont été réalisés dans des milieux acides ou alcalins et très peu d'études ont été menées en milieu mimant des conditions physiologiques. Les principaux aciers étudiés sont :

- Acier inox 304L : 0,03 % C, 2 % Mn, 0,1% Si, 0,45% P, 18-20% Cr, 8-10% Ni et 0,03% S.
- Acier inox 316L : 0,03 % C, 2 % Mn, 0,1% Si, 0,45% P, 16-18% Cr, 10-13% Ni et 0,03% S.

1.B.1 Formation de film passif sur l'acier inox

Plusieurs travaux [27-33] ont été réalisés sur la nature du film passif formé sur l'acier inox (surtout de types 304 et 316L), dans des milieux neutres ou légèrement alcalins. Ces études montrent que le film passif est généralement formé par :

- Une couche interne d'oxyde de chrome, Cr_2O_3
- Une couche externe d'oxyde de fer. Cette couche dépend du potentiel appliqué lors de l'étude électrochimique. Pour de faibles potentiels, l'oxyde de fer est sous forme Fe_3O_4 ($FeO.Fe_2O_3$). A des potentiels élevés, l'oxyde de fer est sous forme Fe_2O_3 et $FeOOH$.
- Une couche d'oxyde du nickel (NiO) en quantité moins élevée que celle trouvée dans du nickel massif contribue également à la formation du film passif.

Milosev et Strehblow [33] ont également montré qu'une couche mince de Cr_2O_3 est immédiatement formée, à la surface de l'acier inox, par contact avec l'air. C'est cette couche qui majoritairement protège l'acier du milieu environnant.

1.B.2 Comportement électrochimique de l'acier inox

Milosev [34] a étudié le comportement électrochimique de l'acier inox dans une solution aqueuse qui simule le milieu physiologique (SPS : simulated physiological solution) à une vitesse de balayage de 20mV.s^{-1}.

La composition de l'acier inox utilisé est la suivante : 61,4% Fe, 21,5% Cr, 14,7 % Ni et 2,4 % Mo. La solution électrolytique SPS est formée de : 135 mmol.L^{-1} de NaCl, 5,4 mmol.L^{-1} de KCl, 4,3 mmol.L^{-1} de NaHCO$_3$, 1,6 mmol.L^{-1} de NaH$_2$PO$_4$ x 2H$_2$O, 0,3 mmol.L^{-1} de Na$_2$HPO$_4$ x 2H$_2$O, 1,3 mmol.L^{-1} de CaCl$_2$ x 2H$_2$O, 2 mmol.L^{-1} de MgCl$_2$, 0,3 mmol.L^{-1} de MgSO$_4$ x 7H$_2$O, 5,5 mmol.L^{-1} de glucose et un pH de 7,8.

La figure 14 montre plusieurs cycles voltampérométriques enregistrés sur acier inox, en augmentant progressivement le potentiel anodique maximal (E_a). Anodiquement, deux pics, A1 et A2, sont observés vers -0,3 V_{SCE} et 0,7 V_{SCE}, respectivement. Les deux pics cathodiques C1 et C2 (vers -0,6 V_{SCE} et 0 V_{SCE} respectivement), sont seulement observés quand le potentiel anodique maximal dépasse 0,5 V_{SCE}. L'intensité de ces deux pics cathodiques augmente avec l'augmentation du potentiel anodique maximal.

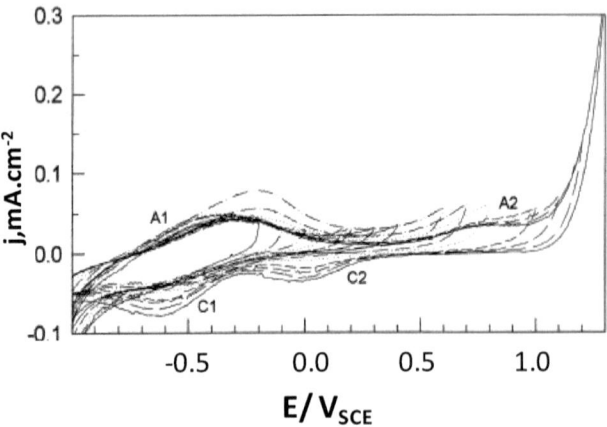

Figure 14 : Voltampérogrammes cycliques obtenus sur l'acier inox, en augmentant progressivement le potentiel anodique maximal (E_a), dans une solution physiologique (SPS). Vitesse de balayage=20mV.s^{-1} [34].

Milosev [34] a indiqué que :

- Les deux constituants majeurs du film passif sont les oxydes de fer et de chrome. Ils sont responsables des caractéristiques des voltampérogrammes obtenus.
- Les oxydes de nickel et de molybdène sont des constituants mineurs du film passif et leur présence ne peut pas être observée avec les voltampérogrammes obtenus.
- Le pic A1 est probablement dû à l'oxydation du Fe en Fe(II), qui peut être oxydé en Fe_3O_4 à des potentiels plus élevés.
- Le pic A2 est probablement dû à la formation de Fe_2O_3 à partir de Fe_3O_4 ou directement à partir du Fe métal.
- A des potentiels plus élevés que ceux du pic A2, une région de transpassivation (la corrosion peut de nouveau s'amorcer menant à une croissance de l'intensité du courant) est observée. Cette région est due à l'oxydation de Cr(III) en Cr(VI). De plus, il est possible d'oxyder Ni(II).

- Le pic C2, est attribuable à la réduction du Cr(VI) en Cr(III).
- Le pic C1, est attribuable à la réduction de Fe_2O_3 en Fe(II).

Milosev a eu recours aux données thermodynamiques de Pourbaix [35] pour résumer les différentes réactions électrochimiques possibles, pouvant avoir lieu à la surface de l'acier inox :

$E < A1$: $Fe = Fe^{2+} + 2e^-$

$3Fe^{2+} + 4H_2O = Fe_3O_4 + 8H^+ + 2e^-$

$Fe + H_2O = FeO + 2H^+ + 2e^-$

$3Fe + 4H_2O = Fe_3O_4 + 8H^+ + 8e^-$

$A1 < E < A2$: $2Fe_3O_4 + H_2O = 3Fe_2O_3 + 2H^+ + 2e^-$

$2Fe + 3H_2O = Fe_2O_3 + 6H^+ + 6e^-$

$Ni + H_2O = NiO + 2H^+ + 2e^-$

$Mo + 2H_2O = MoO_2 + 4H^+ + 4e^-$

$E > A2$: $Cr_2O_3 + 5H_2O = 2CrO_4^{2-} + 10H^+ + 6e^-$

$Ni(II) + 2H_2O = NiO_2 + 4H^+ + 2e^-$

$MoO_2 + 2H_2O = MoO_4^{2-} + 4H^+ + 2e^-$

C2 : $Cr_2O_3 + 5H_2O = 2CrO_4^{2-} + 10H^+ + 6e^-$

C1 : $2Fe(II) + 3H_2O = Fe_2O_3 + 6H^+ + 2e^-$

Kocijan et coll. [36] ont étudié le comportement électrochimique de l'inox 304 L dans des solutions de tampon borate à pH 9,3 et à différentes vitesses de balayage (entre 5 et 100 $mV.s^{-1}$).

Le premier pic anodique obtenu à -0,4 V_{SCE} a été attribué à l'oxydation du Fe(II) en Fe(III) et le deuxième pic anodique, obtenu à 0,63 V_{SCE}, à l'oxydation du Cr(III) en Cr(VI) [36].

Kocijan et coll. ont attribué les 2 pics cathodiques obtenus à 0 et -0,57 V_{SCE}, à la réduction du Cr(VI) en Cr(III) et à la réduction du Fe(III) en Fe(II)/Fe, respectivement.

L'étude réalisée sur le comportement électrochimique de l'acier inox 316 L dans des solutions de salive artificielle (7 mmol.L^{-1} de NaCl, 5,3 mmol.L^{-1} de KCl, 5,4 mmol.L^{-1} de $CaCl_2 x2H_2O$, 2,8 mmol.L^{-1} de $NaH_2PO_4 x9H_2O$, 0,02 mmol.L^{-1} de $Na_2S x9H_2O$, 16,5 mmol.L^{-1} d'urée) à pH 5,3 [37], montre la présence de 2 pics anodiques et 2 pics cathodiques.

Ces pics ont été interprétés comme suit [37] :

- Le premier pic anodique vers -0,2V_{SCE}, est lié à l'oxydation du Fe en $Fe(OH)_2$.
- Le deuxième pic anodique vers 1,3 V_{SCE}, est dû à l'oxydation du Cr(III) en Cr(VI).
- Le premier pic cathodique vers 0,2V_{SCE}, est lié à la réduction du Cr(VI) en Cr (III).
- Le deuxième pic cathodique vers -0,4V_{SCE}, est dû à la réduction du $Fe(OH)_2$ en Fe.

Abreu et coll. [38] ont étudié le comportement électrochimique de l'acier inox 304 L dans NaOH (0,1 mol.L^{-1}), en réalisant plusieurs voltampérogrammes dans une plage de potentiels, limitée par les potentiels de réduction et d'oxydation de l'eau, à une vitesse de balayage de 1 mV.s^{-1}. Avant chaque mesure, l'électrode de travail a été traitée cathodiquement pendant 1 minute à un potentiel de -1,4 V. La figure 15 montre les résultats obtenus ainsi que l'interprétation donnée [38] des différents pics obtenus.

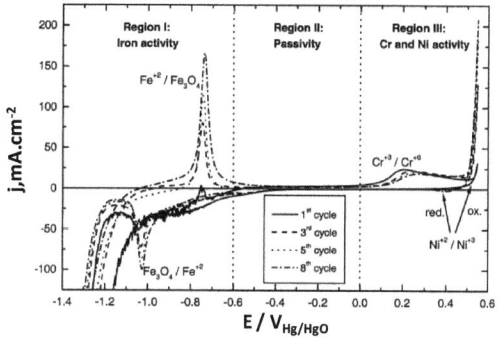

Figure 15 : Voltampérogrammes cycliques obtenus sur l'inox 304 L dans une solution contenant 0,1 mol.L^{-1} de NaOH. Vitesse de balayage = 1 mV.s^{-1} [38].

Contrairement à l'interprétation donnée par Milosev [34] pour les 2 pics anodiques obtenus dans des milieux physiologiques, Abreu et coll. ont attribué les deux pics anodiques, à l'oxdation de Fe (II) en Fe_3O_4 et à l'oyation de Cr (III) en Cr (VI), respectivement [38]. Cathodiquement, un seul pic vers -1 V est observé. Ce pic a été attribué à la réduction de Fe_3O_4 en Fe(II) [38].

1.B.3 Influence de Cl$^-$ sur le comportement électrochimique de l'acier inox

Une corrosion localisée de l'acier inox, due à la rupture du film passif suite à l'attaque de Cl$^-$, peut avoir lieu, si la concentration de Cl$^-$ et les potentiels anodiques appliqués sont suffisamment élevés. Ceci se manifeste sur les courbes de polarisation par une augmentation brusque du courant (à des potentiels nommés E_b ou E_p), sans aucun indice de formation d'oxygène due à l'oxydation de l'eau.

Comme dans le cas du nickel, plusieurs auteurs ont constaté que le potentiel de piqûration augmente avec la concentration de Cl⁻ et qu'il varie linéairement avec le logarithme de la concentration de Cl⁻ selon : $E_b = a - b \, Log([Cl^-])$ [39-41]. Néanmoins, contrairement au cas du nickel, la pente "b" dépend des conditions expérimentales. Par ailleurs, pour une concentration fixe de Cl⁻, différents auteurs montrent que le potentiel de piqûration trouvé sur l'acier inox est probablement affecté par la variation de la concentration en carbonate et en lacate, ainsi que par celle du pH.

1.B.4 Influence des carbonates

Refaey et coll. [41] ont étudié le comportement électrochimique de l'acier inox 304L et 316L dans des solutions Na_2CO_3 de différentes concentrations (0; 0,01, 0,1; 0,5 et 0,7mol.L^{-1}) et contenant 0,1 mol.L^{-1} de NaCl.

Leur étude montre que E_b se décale vers des potentiels plus élevés en augmentant la concentration de Na_2CO_3. De plus, E_b évolue linéairement avec le Log Na_2CO_3: $E_b = a - b \, Log[Na_2CO_3]$ avec b = -0,465 V.décade^{-1} et -0,554 V.décade^{-1} pour l'acier inox 304L et 316L respectivement. Ces résultats ont été interprété par l'effet inhibiteur du Na_2CO_3 à l'attaque de Cl⁻, suite à une adsorption préférentielle de CO_3^{2-} à la surface de l'électrode, menant à la formation d'une couche de [Fe,Cr]CO_3. Cette couche aide également à la stabilisation des sites "faibles" qui sont à l'origine de la corrosion localisée de l'acier inox. Des analyses XPS ont confirmé la présence de la couche de [Fe,Cr]CO_3 à la surface du film passif formé sur l'acier inox.

Le comportent électrochimique de l'acier inox 304 L, dans des solutions de bicarbonate (de différentes concentrations) à pH~ 8, contenant 0,1-0,5 mmol.L^{-1} NaCl, a été étudié par Drogowska et Ménard [42]. Les auteurs ont trouvé que l'augmentation de la concentration de bicarbonates décale "E_b" vers des potentiels anodiques plus élevés. Pour un rapport molaire NaHCO$_3$/NaCl supérieur à 3, il n'y a pas de corrosion localisée de l'acier inox 304 L.

L'origine de l'effet inhibiteur des bicarbonates à la corrosion localisée de l'acier inox a été interprétée de la façon suivante :

a) Adsorption compétitive entre OH$^-$, HCO$_3^-$, CO$_3^{2-}$ et Cl$^-$ à la surface de l'électrode.
b) Effet tampon de HCO$_3^{2-}$/CO$_3^{2-}$ adsorbé, qui empêche la diminution du pH à la surface de l'électrode. En effet, la diminution du pH à la surface de l'électrode accélère la corrosion localisée en favorisant la dissolution des métaux [43-45].
c) La réduction de HCO$_3^{2-}$/CO$_3^{2-}$ pénétrée à l'intérieur du film passif contenant un excès d'ions métalliques et des électrons piégés. En effet, cette réduction fournit des atomes d'oxygène permettant le déplacement des chlorures [46].
d) La formation d'une couche de sel à la surface de l'électrode, entre les ions métalliques de l'électrode et les anions HCO$_3^{2-}$/CO$_3^{2-}$ adsorbés [47, 48]. Cette couche retarde la dissolution de l'électrode. Le diagramme de Pourbaix pour Fe-CO$_2$-H$_2$O [49] indique que FeCO$_3$ forme une phase solide (produit de solubilité: K_s =3.10^{-11}) et que FeCO$_3$ peut se transformer ultérieurement en Fe$_2$O$_3$ à l'intérieur du film passif.

1.B.5 Influence du pH

Plusieurs auteurs ont étudié l'influence du pH sur E_b de l'acier inox dans différentes solutions aqueuses [40, 41, 50, 51]. Ces études ont montré que, dans une large gamme de pH l'augmentation du pH favorise la formation d'un film passif plus stable à la surface de l'acier inox. Ceci peut être observé sur les courbes de polarisation par un décalage de E_b vers des potentiels plus élevés, en augmentant la valeur du pH.

Certains auteurs [40, 41] ont trouvé une variation linéaire de E_b en fonction du pH.

1.B.6 Influence de l'ion lactate

A notre connaissance, il n'y a pas de travaux consacrés à l'étude de l'effet du lactate sur la corrosion localisée de l'acier inox.

Néanmoins, les ions lactate peuvent être adsorbés sur l'électrode, en réagissant notamment avec le Fe (II) pour former du $Fe(C_3H_5O_3)_2$][52]. Ce dernier est moins stable et beaucoup plus soluble que le $Fe(OH)_2$ [52]. Ceci nous fait penser que l'adsorption des ions lactate à la surface de l'électrode peut favoriser la formation d'une couche moins stable à l'attaque des chlorures.

1.C. Synthèse de l'analyse bibliographique

Un récapitulatif des principaux résultats rapportés dans la littérature, concernant le comportement électrochimique du nickel et de l'acier inox en milieux aqueux à pH physiologiques, est présenté dans le tableau 4.

Tableau 4 : Récapitulatif sur le comportement électrochimique du nickel et de l'acier inox en milieux aqueux à pH physiologiques.

Nickel	• A des potentiels anodiques peu élevés, le Ni(0) s'oxyde en Ni(II) menant à la formation d'un film passif composé probablement de $Ni(OH)_2$ et/ou NiO. • La présence de Cl^- peut induire une corrosion localisée du Ni, qui se manifeste par une augmentation brusque de courant anodique à un potentiel nommé le « potentiel de piqûration » (noté E_b ou E_p). • une évolution linéaire de E_b avec le logarithme de la concentration de Cl^-: $E_b = a - b \, Log([Cl^-])$ avec $b \approx 0{,}3 \pm 0{,}1$. • La variation du pH influe sur la dissolution du Ni et la formation d'un film passif plus ou moins résistant vis-à-vis de l'attaque de Cl^-. Une variation linéaire entre E_b et le pH a été trouvée selon : $E_b = a + b \, pH$.

Acier inox	- Le film passif, qui se forme à la surface de l'acier inox, est constitué majoritairement des oxydes de fer et de chrome. Les oxydes de nickel sont des constituants mineurs du film passif. - En présence d'une concentration suffisamment élevée de Cl^-, une corrosion localisée aura lieu à des potentiels anodiques élevés. De plus, E_b peut évoluer linéairement avec le logarithme de la concentration de Cl^- selon : $E_b = a - b\ Log([Cl^-])$. - Les ions carbonate ont un effet inhibiteur sur la corrosion localisée de l'acier inox, en minimisant l'attaque de Cl^- à la surface du film passif. - La variation du pH influe sur la dissolution du Ni et la formation d'un film passif plus ou moins résistant vis-à-vis de l'attaque de Cl^-. Généralement, l'augmentation du pH favorise la formation d'un film passif plus stable. - La présence des ions lactate, peut favoriser la formation d'un film passif moins résistant vis-à-vis de l'attaque de Cl^-.

Chapitre 2

Comportement électrochimique du nickel dans des solutions synthétiques contenant les principaux composants de la sueur

chapitre 2. Comportement électrochimique du nickel dans des solutions synthétiques contenant les principaux composants de la sueur

Le but de cette partie est de déterminer l'origine des courants électrochimiques obtenus durant les tests cliniques. En effet, une meilleure compréhension des phénomène physico-chimiques mis en jeu est nécessaire pour la validation de la nouvelle technologie SUDOSCAN^{TM}.

La variation de la balance ionique dans les canaux sudorifères est à l'origine de la détection précoce de diabète, par cette nouvelle technologie. Ceci nous a amené à analyser l'influence des composants principaux de la sueur sur le comportement électrochimique du nickel, afin de déterminer les paramètres clés permettant la détection précoce du diabète.

Enfin, cette étude a été étendue à la définition des conditions expérimentales permettant d'obtenir la sensibilité et la reproductibilité des mesures. En effet, dans cette nouvelle technologie, les électrodes de Ni jouent alternativement le rôle de cathode et d'anode et ne subissent pas de traitement spécifique avant chaque mesure.

Dans ce contexte, nous avons étudié le comportement électrochimique du nickel dans des solutions tampon phosphate et carbonate dans lesquelles le pH, la concentration du tampon, des chlorures, de l'urée et des lactates ont été modifiées afin de mimer le comportement des électrodes de Ni au contact de la sueur. Les gammes de pH et de concentrations des différents composants ont été choisies par rapport aux concentrations trouvées dans la sueur. Toutes les mesures électrochimiques ont été réalisées à la températaure ambiante et à une vitesse de balayage de 100 mV.s^{-1}. Pour mimer la configuration de l'ensemble des électrodes de cette nouvelle technologie, nous avons utilisé un montage à 3 électrodes avec une contre électrode en Ni et une pseudo-référence en Ni. Des manipulations « contrôle » ont également été menées avec une électrode de référence (classique) au calomel saturé (ECS).

La valeur de la pseudo-référence a ainsi été mesurée par rapport à une électrode à calomel saturé dans les différentes solutions aqueuses, afin d'évaluer l'évolution du potentiel de la pseudo-référence en fonction du pH et de la concentration des Cl⁻. Les résultats sont résumés dans le tableau 5.

Tableau 5 : Différence de potentiel $\Delta E = E_{Ni} - E_{ECS}$ entre la pseudo-référence en nickel et l'électrode de référence au calomel saturé, ECS, dans des différentes solutions aqueuses tamponées.

Electrolyte	[Electrolyte] (mmol.L^{-1})	pH	[Cl⁻] (mmol.L^{-1})	ΔE (mV)
Tampon phosphate	36	6,2	0	-224
Tampon phosphate	36	6,2	60	-200
Tampon phosphate	36	6,2	120	-200
Tampon phosphate	36	5	0	-224
Tampon phosphate	36	6	0	-295
Tampon phosphate	36	7	0	-330
Tampon carbonate	36	6,6	0	-140
Tampon carbonate	36	6,6	60	-160
Tampon carbonate	36	6,6	120	-170
Tampon carbonate	36	5	0	-110
Tampon carbonate	36	6	0	-125
Tampon carbonate	36	7	0	-140

Le tableau 5 montre que ΔE (E_{Ni} – E_{SCE}) varie légèrement avec le pH et la concentration de Cl⁻. Des valeurs moyennes de environ -260 mV et -140 mV ont été trouvées, respectivement, dans les milieux phosphate et carbonate :

- En milieu tampon phosphate, les résultats obtenus indiquent que, pour des gammes de pH et de concentration de Cl⁻ proches de celles trouvées dans sueur, ΔE varie au maximum de 20 mV en variant la concentration de Cl⁻ et de 100 mV en variant la valeur du pH.
- En milieu tampon carbonate, les résultats obtenus indiquent que ΔE varie au maximum de 30 mV, en variant la concentration de Cl⁻ et de 30 mV en variant la valeur du pH.

Dans la section suivante nous développerons les principales mesures voltampérométriques réalisées dans les milieux tampons phosphate (PBS) et carbonate (CBS).

Nous joignons à la fin de ce chapitre, article publié dans « Electroanalysis » intitulé « Electrochemical Characterization of Nickel Electrodes in Phosphate and Carbonate Electrolytes in View of Assessing a Medical Diagnostic Device for the Detection of Early Diabetes » qui présente une partie des résultats décrits dans ce chapitre.

2.A. Comportement électrochimique du Ni dans des milieux tampons phosphates (PBS)

2.A.1 Influence du pH :

Dans un premier temps, nous avons évalué le comportement électrochimique du nickel dans des solutions tampons phosphates (36 mmol.L⁻¹) de différents pH (5,

6 et 7). La figure 16 montre les cycles voltampérométriques obtenus sur le nickel, en balayant le potentiel entre 0 → 1,4 → -1,4V_{Ni}.

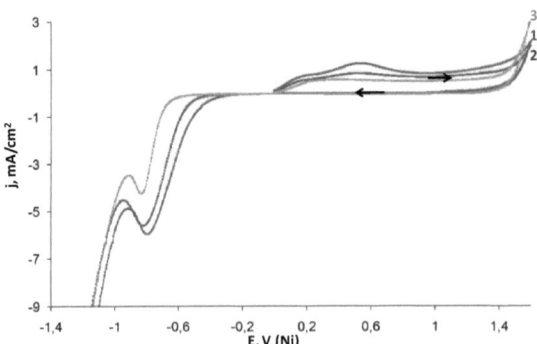

Figure 16 : Voltampérométries cycliques sur une électrode de nickel (0,0314 cm^2) dans des milieux tampons phosphates à 36 mmol.L^{-1} à différentes valeurs de pH (1 : pH = 5 ; 2 : pH = 6 ; 3 : pH = 7). V_b = 100 mV.s^{-1}.

En milieu acide (pH = 5 et 6), deux processus rédox, vers 0,2 V_{Ni} et 0,5 V_{Ni}, ont eu lieu à la surface du nickel. Néanmoins, en milieu neutre, un seul processus rédox vers 0,2 V_{Ni} apparait. L'intensité globale des courants anodiques obtenus augmente en diminuant la valeur du pH.

Les processus anodiques observés sont probablement dus à l'oxydation du Ni et la formation de α et β Ni(II) oxide-hydroxide[7, 11-13, 15, 53], menant à l'apparition d'un film passif à la surface du Ni dans la région où un plateau de courant est observé. Ce film passif est probablement composé d'une couche inerte de NiO et une couche externe de Ni(OH)$_2$. Cette dernière peut également contenir des ions phosphate précipités[12].

En balayant vers des potentiels anodiques élevés, un mur est observé vers 1,4 V_{Ni}. Ce mur est principalement lié à l'oxydation de l'eau.

Cathodiquement, un pic de réduction est observé vers -0,7 V_{Ni}. Ce pic se décale vers des potentiels moins cathodiques et son intensité augmente en diminuant la valeur du pH.

Les processus cathodiques, liés à ce pic de réduction, sont dus probablement à la réduction du film passif formé à la surface de l'électrode selon[15, 54, 55] :

$NiO + 2H^+ + 2e^- \rightarrow Ni + H_2O$

Et/ou

$Ni(OH)_2 + 2H^+ + 2e^- \rightarrow Ni + 2H_2O$

A des potentiels cathodiques plus élevés, un mur de réduction principalement lié à la réduction de l'électrolyte est observé vers -1,1V_{Ni}. La position de ce mur semble être légèrement affecté par la variation de la valeur du pH.

Nous avons aussi étudié l'effet du pH sur les caractéristiques densité de courant-potentiel, dans des solutions tampons phosphates (36 mmol.L^{-1}) en présence de 120 mmol.L^{-1} de NaCl.

La figure 17 montre les courbes de polarisation obtenues sur le nickel, en balayant le potentiel de 0 à 0,85 V_{Ni}. Dans le domaine actif-passif, les réactions suivantes ont été proposées pour l'oxydation du Ni en présence de Cl⁻ [15, 54]:

$Ni + H_2O = Ni(H_2O)_{ad} = Ni(OH)_{ad} + H^+_{aq} + e^-$

$Ni(H_2O)_{ad} + Cl^- = Ni(ClOH)^-_{ad} + H^+ + e^-$

$Ni(OH)_{ad} + H^+ = Ni^{2+}_{aq} + (H_2O)_{ad} + e^- = Ni(OH)_2$

Contrairement aux résultats obtenus sur la figure 16, en présence de Cl⁻, une augmentation brusque du courant est observée vers 0,8 V_{Ni}. Le large déplacement du mur anodique vers des potentiels anodiques moins élevés, est lié à la corrosion localisée du Ni suite à la rupture du film passif après l'attaque des

Cl⁻. La figure 16 montre également la méthode que nous avons utilisée pour déterminer le potentiel de piqûration (noté E_b ou E_p) ou le potentiel lié à la rupture du film passif et la corrosion localisée du Ni.

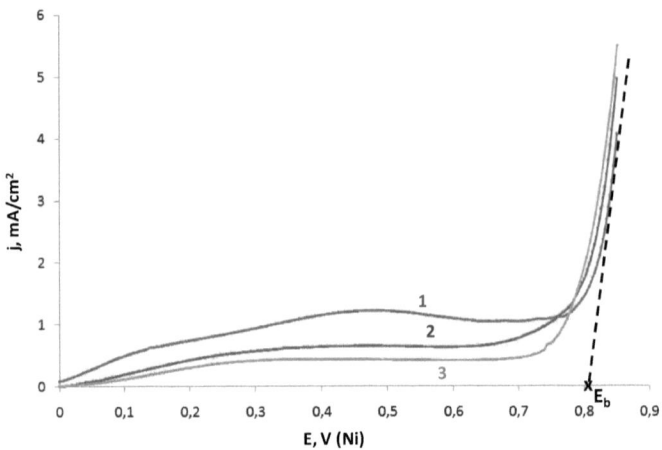

Figure 17 : Voltampérométries cycliques sur une électrode de nickel (0,0314 cm²) dans des milieux tampons phosphates 36 mmol.L⁻¹, à différentes valeurs du pH (1 : pH = 5 ; 2 : pH = 6 ; 3 ; pH = 7) et contenant 120 mmol.L⁻¹ NaCl. V_b = 100mV.s⁻¹.

Dans la littérature, plusieurs travaux ont étudié l'impact de la variation du pH sur le comportement électrochimique du Ni dans des différentes solutions aqueuses contenant des ions Cl⁻. Ces travaux ont montré que E_b diminue en diminuant la valeur du pH. Une variation linéaire de la forme E_b = a + b pH a été trouvée[19, 25]. Ceci a été attribué au fait que l'augmentation du pH favorise la formation d'un film passif plus stable à la surface de l'électrode. En revanche, les résultats obtenus sur la figures 17 montrent que E_b est très peu affecté par la variation du pH. Ceci prouve que la stabilité du film passif dans des milieux tampons phosphate et dans la gamme du pH étudiée ne dépend pas de la variation du pH.

Enfin, il est nécessaire de noter que nous avons répété la même étude mais à l'aide d'un montage classique, avec une référence au calomel saturé au lieu d'une pseuso-référence en Ni. Les caractéristiques des cycles voltampérométriques obtenus sont similaires à celles trouvées sur les figures 16 et 17. Ceci prouve que la faible variation du potentiel de la pseuso-référence en fonction du pH n'affecte pas les caractéristiques des voltampérogrammes.

2.A.2 Influence de la concentration en Cl⁻

L'influence de la concentration de Cl⁻ sur le comportement électrochimique du nickel a été étudiée dans une gamme de concentrations proche de celle trouvée dans la sueur. La figure 18-a, montre l'évolution des courbes de polarisation obtenues sur le nickel dans solutions tampon phosphate (36 mmol.L^{-1}, pH 6), avec la concentration en NaCl (36, 60, 90 et 120 mmol.L^{-1}).

Nous pouvons constater d'après la figure 18-a, que dans toute la gamme de concentrations de Cl⁻ étudiée, une augmentation brusque du courant est observée à des potentiels moins élevés que le potentiel d'oxydation de l'eau (observé en absence de Cl⁻). Ceci prouve que dans tous les cas, la concentration en ions agressifs Cl⁻ est suffisamment élevée pour provoquer la destruction du film passif formé à la surface de l'électrode de nickel.

D'une manière générale, l'adsorption des anions Cl⁻ à la surface de l'électrode, mène à la formation des complexes solubles comme le Ni-Cl⁻, NiO(H)-Cl⁻ et $NiCl_2$ [18, 19, 56]. Par conséquent, la vitesse de dissolution localisée augmente et l'accroissement du film passif est freiné. Ceci conduit à une diminution rapide de l'épaisseur du film passif et cause une dépassivation localisée dans les sites moins résistants.

La figure 18-a montre l'évolution significative du potentiel de piqûration (E_b) en fonction de la concentration des ions Cl⁻. E_b se décale vers des potentiels anodiques moins élevés en augmentant la concentration de Cl⁻. Ceci peut être expliqué par une adsorption compétitive entre les ions Cl⁻ et d'autres espèces présentes dans la solution comme OH⁻, H_2O et les anions phosphates. En effet, l'augmentation du rapport [Cl⁻]/[OH⁻] ou [Cl⁻]/[$H_2PO_4^{2-}$] augmente la probabilité d'adsorption des anions Cl⁻ à la surface de l'électrode. Ceci mène à une rupture du film passif à des potentiels anodiques moins élevés. En d'autres termes, quand la concentration des anions Cl⁻ augmente, la surtension nécessaire à la destruction du film passif diminue.

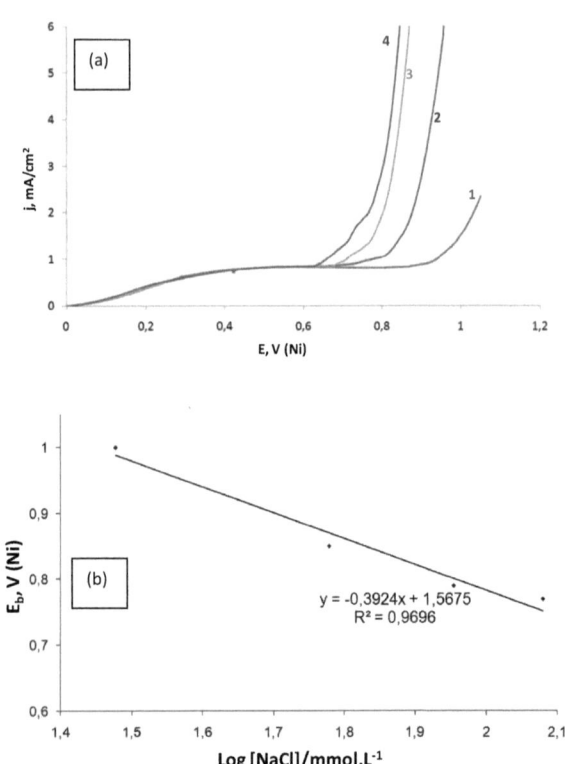

Figure 18 : (a) Voltampérométrie linéaire sur une électrode de nickel (0,0314 cm²) en milieu tampon phosphate (36mmol.L⁻¹, pH=6) contenant différentes concentrations de NaCl (1 : 36 ; 2 : 60 ; 3 : 90 ; 4: 120 mmol.L⁻¹). V_b=100mV.s⁻¹. (b) variation de E_b en fonction du Log [Cl⁻].

Par ailleurs, la figure 18-b montre que E_b évolue linéairement avec le logarithme de la concentration de Cl^-. Ce résultat est cohérent avec les travaux rapportés et discutés précédemment. En effet, une évolution linéaire du E_b en fonction du Log $[Cl^-]$ a été trouvée dans différentes solutions aqueuses [19-23].

Il est à noter que la variation très faible de la pseudo-référence, due à la variation de la concentration de Cl^-, n'affecte pas les caractéristiques de voltmpérogrammes montrés et discutés dans ce paragraphe.

2.A.3 Influence de la nature du tampon :

Afin de montrer l'effet du tampon phosphate sur le comportement électrochimique du nickel et notamment sur le mur d'oxydation, nous avons réalisé des mesures voltampérométriques dans des solutions contenant différents tampons.

Les tampons utilisés sont les suivants :

Bis Tris : pKa = 6.5

MES : pKa = 6.1

H_2CO_3 : 6,4 (pKa1) 10,2 (pKa2)

H_3PO_4 : 2,12 (pKa1) 7,2 (pKa2) 12,3 (pKa3)

La figure 19 montre que le potentiel de piqûration (E_b) du nickel dans le milieu tampon phosphate est plus élevé que E_b trouvés dans le milieu tampon carbonate ainsi que dans les milieux tampons « biologiques ».

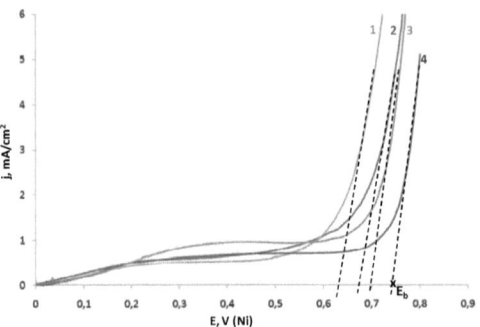

Figure 19 : Voltampérogrammes linéaires sur une électrode de nickel (0,0314 cm^2) dans des différents milieux tampons (pH 6,2) contenant 120mmol.L^{-1} NaCl (1 : Bis-Tris; 2 : MES; 3 : CBS et 4 : PBS). V_b=100mV.s^{-1}.

Shuddhodan et coll. [57] ont montré que, dans une gamme de pH comprise entre 3,5 et 8,5, les anions phosphate sont fortement adsorbés à la surface du nickel.

Kawashima et coll. [58] ont montré que l'alliage amorphe Ni-P présente une grande résistance à la corrosion par piqûres par rapport au nickel cristallin. Ceci a été attribué à la formation d'une barrière (Ni$_3$PO$_4$) qui minimise l'accès des ions Cl$^-$ à la surface de l'électrode.

Par ailleurs, l'orthophosphate est généralement considéré comme un inhibiteur de corrosion par piqûres pour le fer et l'acier[59]. Les mécanismes d'inhibition ne sont pas clairs pour le moment. Généralement, l'effet inhibiteur a été principalement attribué à un mécanisme d'adsorption compétitive qui retarde l'attaque des ions Cl$^-$ sur la surface du film passif [60]. De plus, le film formé sur le fer par polarisation anodique dans des solutions légèrement basiques présente une couche interne d'oxyde de fer et une couche externe de phosphate de fer[61]. Dans des milieux neutres et acides, une couche de phosphate de fer a été également trouvée [62].

En comparant nos résultats aux travaux de la littérature ci-dessus, nous pouvons penser que les ions phosphate semblent jouer le rôle d'inhibiteur de corrosion par piqûres pour le nickel. Ceci est dû probablement à un mécanisme d'adsorption compétitive entre les Cl⁻ et les anions phosphate. L'adsorption des anions phosphate peut mener également à la création d'une couche de phosphate de nickel à la surface de l'électrode. Cette couche forme une barrière qui minimise l'accès des ions Cl⁻ sur le nickel.

Les constantes d'acidité des différents tampons utilisés, montrent que le tampon phosphate est majoritairement sous forme ionique ($H_2PO_4^-$) à pH 6. Ceci pourrait favoriser également l'adsorption du tampon phosphate à la surface de l'électrode.

L'effet inhibiteur du phosphate à la corrosion par piqûres du nickel a été confirmé en étudiant l'influence de la concentration du tampon phosphate (PBS) sur le comportement électrochimique du nickel dans des solutions tampon phosphate de différentes concentrations (20, 30, 40 et 50 mmol.L^{-1}).

En effet, la figure 20-a montre l'évolution de E_b en fonction de la concentration du tampon phosphate : E_b augmente quand la concentration du tampon phosphate augmente. Ceci est probablement dû au fait que l'augmentation de la concentration du tampon phosphate diminue le rapport [Cl⁻]/[$H_2PO_4^-$] dans la solution. Ceci rend l'accès de Cl⁻ à la surface de l'électrode plus difficile, menant à une augmentation du potentiel de piqûration du Ni. Ceci peut être également dû à la formation d'un film passif plus rigide à l'attaque de Cl⁻, notamment la partie extérieure du film passif où les ions phosphate adsorbés aident à la formation d'une barrière qui minimise l'accès des ions Cl⁻.

Enfin, nous avons trouvé une relation linéaire entre la concentration du tampon phosphate [PBS] et le potentiel de piqûration « E_b ». D'après la figure 20-b, cette relation est de la forme : E_b= 0,0024 [PBS] + 0,721.

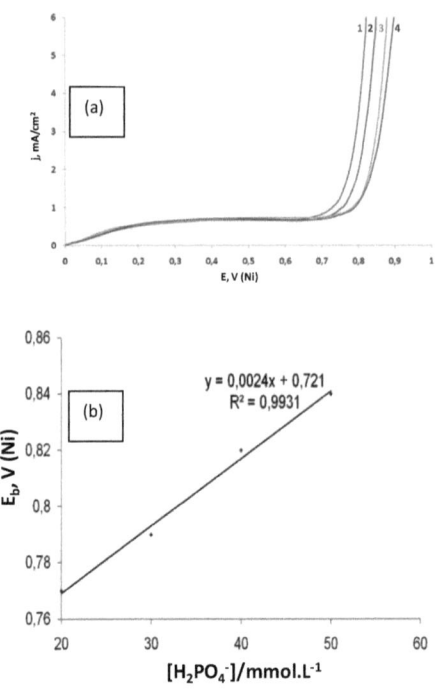

Figure 20 : (a) voltampérogrammes linéaires sur une électrode de nickel (0,0314 cm^2) dans des milieux tampons phosphates de différentes concentrations (1 : 20 ; 2 : 30 ; 3 : 40 et 4 : 50 mmol.L^{-1}), à pH= 6,2 et contenant 120 mmol.L^{-1} NaCl. V_b=100mV.s^{-1}. (b) E_b = f([PBS]).

2.A.4 Conditions expérimentales permettant le « rafraîchissement » de la surface des électrodes

Dans la technologie SUDOSCAN^{TM}, durant chaque diagnostic, chaque électrode joue alternativement à la fois le rôle d'anode et de cathode et ne subit pas de traitement chimique ou électrochimique spécifique avant chaque mesure. Ceci nous a conduit à réaliser une étude préliminaire des conditions permettant la sensibilité et la reproductibilité des mesures durant les tests cliniques.

Pour cela, nous avons réalisé deux types de mesures : l'une en réalisant des balayages dans le domaine anodique (entre 0 → 0,6 → 0 V_{Ni}) et l'autre dans le domaine anodique et cathodique (0 → 0,6 → -1 V_{Ni}). Les figures 21-a et 21-b représentent deux cycles voltampérométriques consécutifs obtenus sur le Ni dans des solutions tampons phosphates (36 mmol.L^{-1}, pH 6) contenant 120 mmol.L^{-1} NaCl dans ces deux conditions de balayage.

Les deux cycles voltampérométriques consécutifs enregistrés entre 0→0,6→0V_{Ni} (figure 21-a) présentent des caractéristiques différentes. Durant le premier cycle, un plateau de courant anodique, dû à l'oxydation du Ni est observé. Lors du deuxième cycle, un courant anodique très faible a été obtenu. Ceci est probablement dû à la formation d'une couche passivante rigide de faible conductivité électronique, à la surface de l'électrode, durant le premier cycle[63]. Cette couche empêchant l'oxydation du Ni durant le deuxième cycle.

En balayant entre ente 0→0,6→-1 V_{Ni} (figure 21-b), un pic cathodique vers -0,7V_{Ni} est observé. Ce pic est dû probablement à la réduction du NiO et/ou Ni(OH)$_2$ formés à la surface de l'électrode lors du balayage aller. Anodiquement, un pic vers 0V_{Ni}, lié à l'oxydation du Ni, est observé pendant le deuxième cycle (figure 21-b), contrairement aux résultats obtenus dans la figure 21-a. Ceci est attribuable à la réduction du film passif, lors de balayage vers un potentiel cathodique de -1V_{Ni}. Cette réduction permet de renouveler la surface de l'électrode, qui s'oxyde à nouveau en balayant vers des potentiels anodiques.

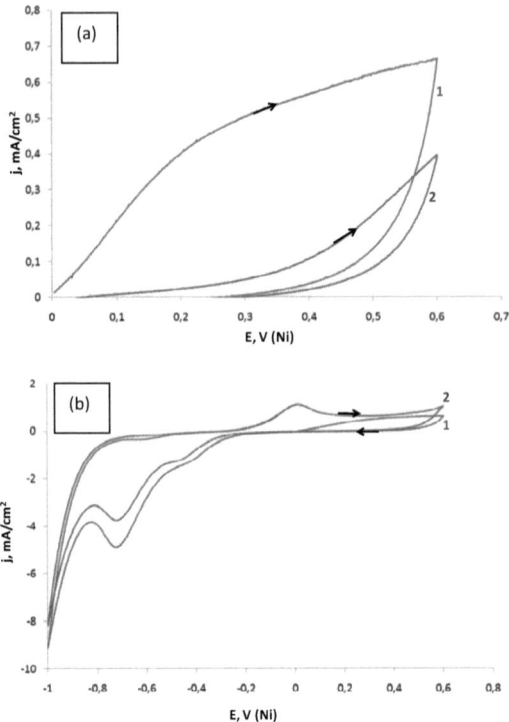

Figure 21 : Voltampérométries cycliques successives sur une électrode de nickel (0,0314 cm^2) en milieu tampon phosphate 36 mmol.L^{-1} à pH 6 et contenant 120 mmol.L^{-1} NaCl, dans différentes gamme de potentiels. (a) 0→0,6→0 V$_{Ni}$ et (b) 0→0,6→-1 V$_{Ni}$. Courbes 1 : 1er cycle ; Courbes 2 : 2ème cycle. V$_b$=100mV.s^{-1}.

2.B. Comportement électrochimique du Ni dans des milieux tampons carbonates (CBS)

Nous avons également évalué le comportement électrochimique du Ni dans des solutions tampon carbonate en réalisant le même type d'étude que celui conduite en milieu PBS. Dans cette partie, nos mesures électrochimiques ont été étendues à l'analyse de l'influence de l'urée et du lactate afin de mimer le comportement électrochimique du Ni en contact avec la sueur.

2.B.1 Influence du pH

Nous avons commencé par étudier l'influence du niveau d'acidité sur le comportement électrochimique du Ni dans des milieux tampons carbonates à différents pH, en présence ou non du NaCl. La figure 22, montre les cycles voltampérométriques obtenus sur le nickel, en balayant le potentiel entre 0 → 1 → -0,8 V_{Ni}.

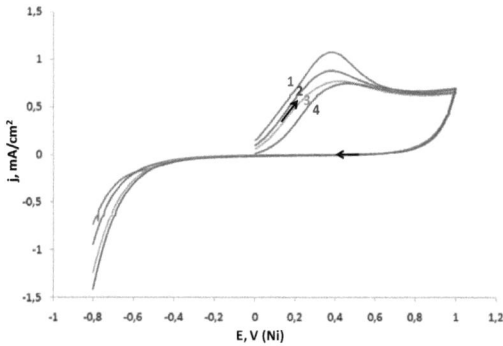

Figure 22 : Voltampérométries cycliques sur une électrode de nickel (0,0314 cm^2) dans des milieux tampons carbonate 36 mmol.L^{-1} à différentes valeurs du pH (1 :5,3; 2 : 5,8; 3 : 6,4 et 4 : 7). V_b=100mV.s^{-1}.

Dans toute la gamme de pH étudiée, un seul pic anodique est observé vers 0,35V_{Ni} dont l'intensité diminue légèrement en augmentant le pH. Ce pic est dû probablement à l'oxydation du Ni menant à la formation d'un film passif composé probablement par une couche inerte de NiO et une externe de Ni(OH)$_2$. La couche extérieure du film passif peut également contenir du NiCO$_3$, comme rapporté dans la littérature sur la nature du film passif formé sur le Ni polycristallin dans différentes solutions contenant des ions carbonates-bicarbonates [64]. Les réactions suivantes ont été proposées pour la formation de NiCO$_3$:

$$Ni(OH)_2 + HCO_3^- = Ni^{2+} + CO_3^{2-} + OH^- + H_2O$$

$$Ni^{2+} + CO_3^{2-} = NiCO_3$$

Contrairement aux résultats obtenus dans des milieux tampons phosphates, la figure 22 ne présente pas un pic cathodique dû à la réduction du film passif lors du balayage vers des potentiels cathodiques. En effet, les 2 processus cathodiques de réduction du film passif et de réduction de l'électrolyte semblent avoir lieu simultanément.

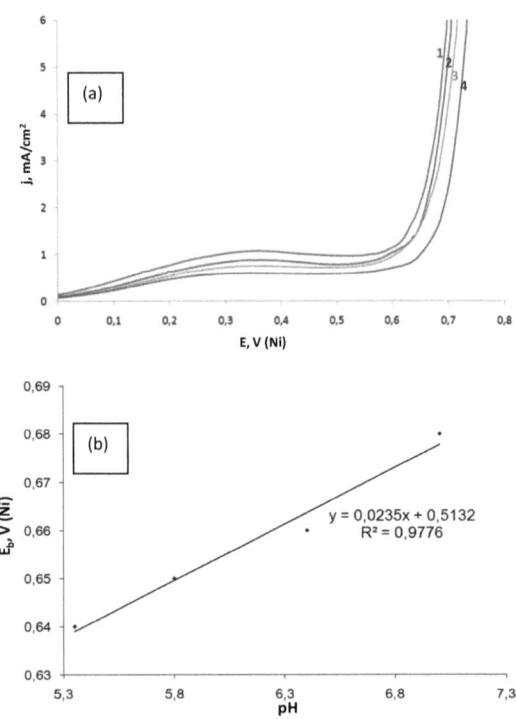

Figure 23 : (a)Voltampérométries linéaires sur une électrode de nickel (0,0314 cm^2) dans des milieux tampons carbonate 36 mmol.L^{-1} à différentes valeurs du pH (1 :5,3; 2 : 5,8; 3 : 6,4 et 4 : 7) contenant 120mmol.L^{-1} NaCl. V$_b$=100mV.s^{-1}. (b) E$_b$ vs pH.

L'influence du pH a été étudiée également en présence de NaCl 120 mmol.L^{-1}. Comme en milieux tampons phosphate, la caractéristique principale révélée en présence de Cl$^-$ est le déplacement significatif du mur vers des potentiels anodiques moins élevés (figure 23-a). Ce déplacement est dû à la rupture du film passif suite à l'attaque de Cl$^-$.

En revanche, la figure 23-a montre que le potentiel de piqûration (E_b) est affecté par la variation du pH : E_b augmente en augmentant la valeur du pH. Ceci est probablement dû au fait que l'augmentation du pH favorise la formation d'un film passif plus stable à la surface de l'électrode. De plus, nos résultats confirment la présence d'une relation linéaire entre E_b et le pH (figure 23-b), comme rapporté précédemment dans des différentes solutions aqueuses [19, 25].

Il est à noter que nous avons également étudié l'effet du pH en présence d'une faible concentration de Cl$^-$ (36 mmol.L^{-1}). Les résultats obtenus montrent que l'évolution des voltampérogrammes en fonction du pH, est similaire à celle trouvée sur la figure 21-b. Ceci prouve que les caractéristiques rapportées sur la figure 23-b ne sont pas affectées par la variation de la concentration de Cl$^-$.

2.B.2 Influence de la concentration en Cl$^-$

L'influence de la concentration en Cl$^-$ sur le comportement électrochimique du Ni a aussi été étudiée en milieux tampon carbonate. Plusieurs mesures électrochimiques ont été réalisées dans des solutions à différentes concentrations de Cl$^-$ (0, 36, 60, 90 120 mmol.L^{-1}).

Nous pouvons remarquer d'après la figure 24-a, que dans tous les cas, un plateau de courant anodique est observé vers 0,3 V_{Ni}. Ceci est dû à l'oxydation du Ni et la formation d'un film passif.

La figure 24-a montre également que, dans tous les cas (à l'exception du milieu exempt de Cl⁻), la concentration de Cl⁻ est suffisamment élevée pour causer la rupture du film passif formé à la surface de l'électrode. Ceci est cohérent avec les résultats obtenus sur le Ni en milieux tampon phosphate.

De même qu'en milieux tampon phosphate, la figure 24-b montre une évolution linéaire de E_b en fonction du Log [Cl⁻]. La valeur de la pente trouvée, en milieu tampon carbonate, est $\approx$ 0,2 V.decade^{-1}. En comparant cette valeur à celle obtenue en milieu tampon phosphate ($\approx$ 0,4 V.decade^{-1}), nous pouvons constater que la nature des deux tampons utilisés a un effet notable sur les pentes des droites représentées dans les figures 18-b et 24-b.

Par ailleurs, la recherche bibliographique que nous avons réalisée, montre que la valeur moyenne de la pente dans des différentes solutions aqueuses est de 0,3± 0,1 [19-23]. Les valeurs de pentes que nous avons obtenues dans les deux milieux tampons (CBS et PBS) correspondent aux limites inférieures et supérieures de cette valeur moyenne.

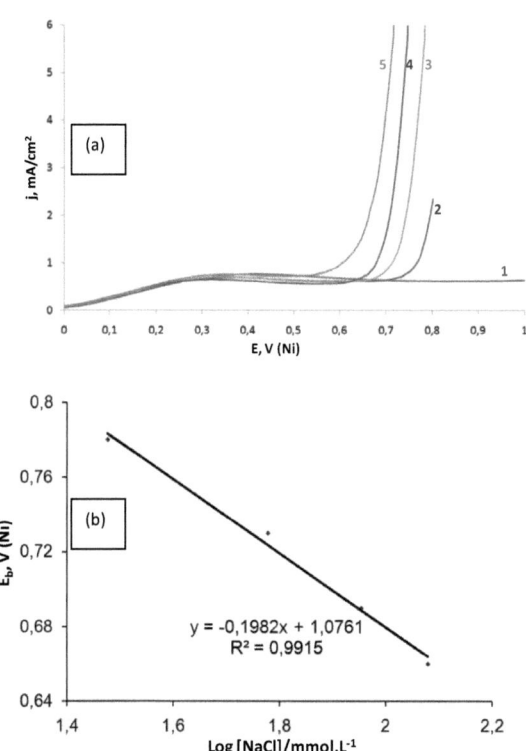

Figure 24 : (a) Voltampérogrammes linéaires sur une électrode de nickel (0,0314 cm^2) en milieux tampon carbonate (36 mmol.L^{-1}, pH=6,4) contenant différentes concentrations de NaCl(1 : 0 ; 2 : 36 ; 3 : 60 ; 4 : 90 et 5 : 120 mmol.L^{-1}). V_b=100mV.s^{-1}. (b) variation de E_b en fonction du Log [Cl$^-$].

2.B.3 Influence de la présence d'urée et de lactate et de la concentration du tampon

Afin de mimer le comportement électrochimique du nickel dans la sueur, des voltampérogrammes ont été réalisées en présence de 120 mmol.L^{-1} NaCl dans une solution tampon carbonate (36 mmol.L^{-1}) et en variant dans un premier temps la concentration de l'urée puis dans un second temps la concentration du lactate.

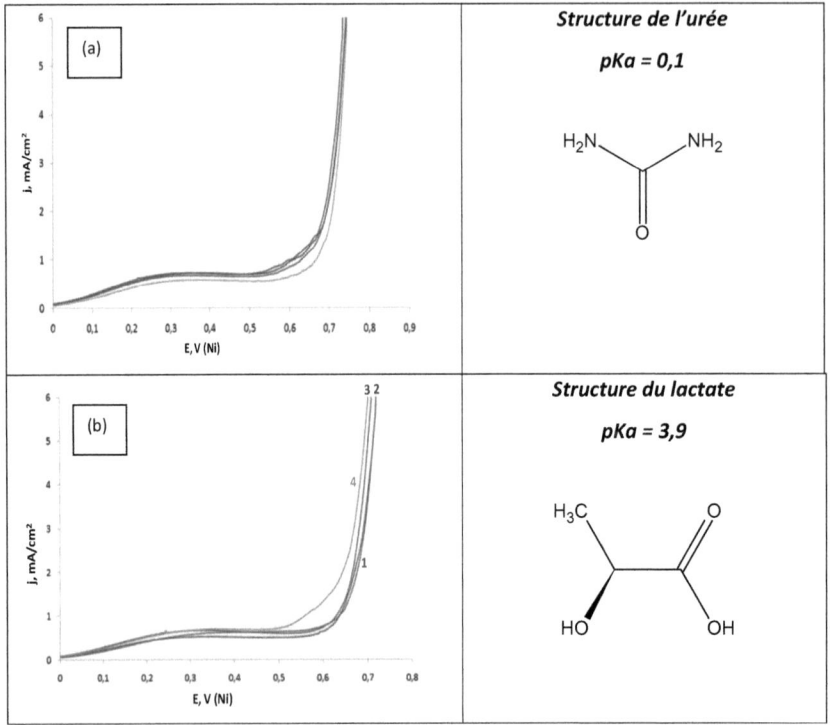

Figure 25 : (a) Voltampérométries cycliques sur une électrode de nickel (0,0314 cm^2) en milieu tampon carbonate (36mmol.L^{-1}, pH=6,4) en présence de 120 mmol.L^{-1} NaCl et des différentes concentrations en urée (entre 0 et 30 mmol.L^{-1}). (b) Voltampérométrie cyclique sur une électrode de nickel en milieu tampon carbonate (36 mmol.L^{-1}, pH=6,4) en présence de 120 mmol.L^{-1} NaCl et différentes concentrations en lactate (1 : 0 ; 2 : 10 ; 3 : 30 ; 4 : 40 mmol.L^{-1}). V_b=100mV.s^{-1}.

La figure 25-a montre clairement que la variation de la concentration de l'urée n'a pas d'influence significative sur le comportement électrochimique de l'électrode de nickel : les caractéristiques courant-potentiel sont similaires quelle que soit la concentration de l'urée (entre 0 et 30 mmol.L^{-1}).

Néanmoins, la variation de la concentration en lactate semble avoir un léger effet sur le poteniel de piqûration (E_b) du Ni en présence de NaCl 120 mmol.L^{-1} : la figure 25-b montre que E_b diminue légèrement en augmentant la concentration du lactate. Ceci est probablement dû à une adsorption de lactate à la surface de l'électrode. Cette adsorption peut induire une diminution locale du pH à la surface de l'électrode et/ou peut mener à la formation des complexes, entre le nickel et le lactate, qui favorisent légèrement la formation d'un film passif moins stable à l'attaque des Cl^-.

Afin de s'assurer que les résultats obtenus ne sont pas dus à la présence d'une concentration élevée de Cl^-, nous avons réalisé les mêmes mesures mais avec une faible concentration de Cl^- (36 mmol.L^{-1}). Les résultats obtenus montrent des caractéristiques similaires à celles trouvées sur les figures 25-a et b. Ceci prouve que les caractéristiques rapportées dans les figures 25-a et b ne sont pas affectées par la variation de la concentration de Cl^-.

Ceci montre également que les murs anodiques sont principalement contrôlés par la variation de la concentration de Cl^-, tandis que la variation du pH et de la concentration du lactate ont des effets moins significatifs. La concentration en urée et en tampon carbonate n'ont pas d'effet notable sur le positionnement du mur anodique. En effet, il s'est avéré que le comportement électrochimique du Ni n'est pas affecté pas la variation de la concentration du tampon carbonate.

2.B.4 Conditions expérimentales permettant le « rafraîchissement » des électrodes

De façon similaire au milieu tampon phosphate, nous avons étudié les conditions expérimentales permettant la sensibilité des électrodes durant les tests cliniques et nottamment l'influence de la partie cathodique des voltampérogrammes sur le comportement anodique du Ni.

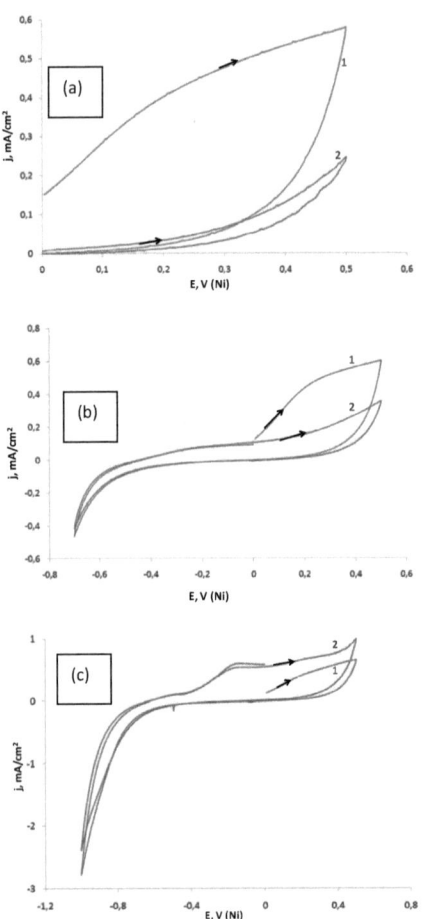

Figure 26 : Voltampérométries cycliques successives sur une électrode de nickel (0,0314 cm^2) en milieu tampon carbonate (36mmol.L^{-1}, pH 6,5) et contenant 36 mmol.L^{-1} NaCl, dans des différentes gammes de potentiels. (a) 0→0,5→0 V$_{Ni}$, (b) 0→0,5→-0,7 V$_{Ni}$ et (c) 0→0,5→-1 V$_{Ni}$. Courbes 1 : 1er cycle ; Courbes 2 : 2ème cycle. V$_b$=100mV.s^{-1}.

La figure 26 montre les deux cycles voltampéromtriques successifs obtenus sur le Ni dans différentes gammes de potentiel : (i) dans une gamme restreinte de potentiel anodique (0→ 0,5→ 0V_{Ni}), (ii) dans des gammes de potentiel étendues vers la partie cathodique (0→ 0,5→-0,7V_{Ni} et 0→0,5→-1V_{Ni})

Les résultats obtenus montrent que le balayage vers les potentiels cathodiques a une forte influence sur les caractéristiques des voltampérogrammes obtenus durant le deuxième cycle.

Les deux cycles voltampérométriques consécutifs enregistrés entre 0->0,5->0 V_{Ni} (figure 26-a) montrent des caractéristiques différentes :

- Durant le premier cycle, un courant anodique dû à l'oxydation du Ni est obtenu.

- Durant le deuxième cycle, l'électrode de Ni montre un comportement électrochimique différent : le plateau de courant anodique n'est plus observé.

La figure 26-b montre que les parties anodiques des deux cycles voltampérométriques succesifs, enregistrés entre 0→0,5→-0,7V_{Ni}, ont des caractéristiques similaires à celles trouvées dans la figure 26-a. En effet, un faible courant anodique a été détecté durant le deuxième cycle.

En balayant vers un potentiel de -1 V_{Ni} (figure 26-c), un plateau de courant anodique lié à l'oxydation du Ni est observé pendant le deuxième cycle contrairement aux résultats obtenus dans les figures 26-a et b.

Ces résultats sont cohérents avec ceux obtenus en mileu tampon phosphate (figure 21-a et b). En effet, l'activation de la surface de l'électrode de Ni semble être possible si la gamme des potentiels est étendue vers -1 V_{Ni}. Ceci est dû probablement à la réduction du film passif formé à la surface de l'électrode lors du balayage jusqu'à -1 V_{Ni}. Cette réduction permet de rafraîchir la surface de l'électrode qui s'oxyde de nouveau en balayant vers des potentiels anodiques.

Il est à noter, d'après la figure 26-c, que le processus cathodique lié la réduction du film passif n'est pas observé (pas de pic). Ceci est dû au fait que les deux processus cathodiques, liés à la réduction du film passif et à la réduction de l'électrolyte, semblent avoir lieu quasi-simultanément.

Nous avons étudié également l'effet de l'accroissement de la fenêtre d'essai vers des potentiels anodiques plus élevés. La figure 27 montre les cycles voltampérométriques obtenus sur le Ni en balayant entre : (1) 0→0,2→-1V_{Ni}, (2) 0→0,4→-1V_{Ni} et (3) 0→0,6→-1V_{Ni}. Les mesures ont été réalisées dans une solution tampon carbonate (36 mmol.L^{-1}, pH = 7) et contenant 36 mmol.L^{-1} de NaCl.

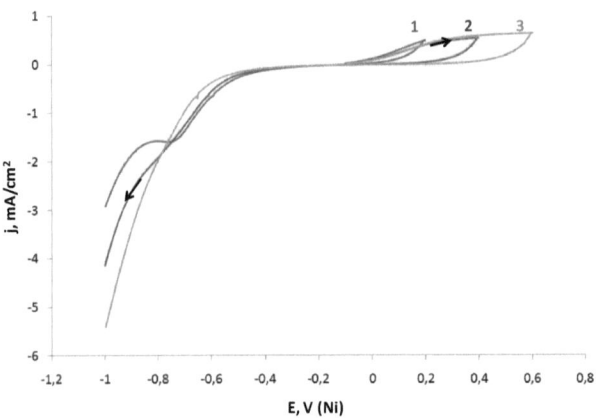

Figure 27 : Voltampérométries cycliques sur une électrode de nickel (0,0314 cm^2) dans une solution tampon carbonate (36mmol.L^{-1}, pH 7) contenant 36 mmol.L^{-1} de NaCl, dans différentes domaines de potentiel (1 : 0 → 0,2 → -1V ; 2 : 0 → 0,4 → -1V et 3 : 0 → 0,6 → -1V). V_b=100mV.s^{-1}.

Les résultats présentés sur la figure 26, montrent que les caractéristiques de la partie cathodique des voltampérogrammes dépendent du potentiel anodique de retour : en augmentant le potentiel anodique maximal le pic de réduction se décale vers des potentiels cathodiques plus élevés jusqu'à sa disparition. Cette disparition est due au fait que ce pic, lié à la réduction du film passif, a lieu quasi-simultanément avec la réduction de l'électrolyte.

Les résultats obtenus sur la figure 27 sont dus principalement à l'évolution de la couche d'oxyde à la surface de l'électrode, lors du balayage vers des potentiels anodiques plus élevés, menant à la formation d'un film passif plus rigide et donc plus difficile à réduire. En effet, la couche d'hydroxyde α-Ni(OH)$_2$ initialement formée peut être convertie en β- Ni(OH)$_2$ à des potentiels anodiques plus élevés, comme rapporté par Vischter et coll. dans des solutions alcalines [65]. Ceci peut être également accompagné par la formation de NiCO$_3$ et par la création de NiO.

Vischter et coll. ont également trouvé une relation linéaire entre le décalage du pic cathodique et l'augmentation du potentiel anodique de retour. Cette relation est de la forme :

$\Delta E_{\text{pic de réduction}} = 0,3 \Delta E_{\text{potentiel anodique de retour}}$

Ces résultats peuvent être mis en parallèle avec l'importance d'alterner la polarité des électrodes durant les tests cliniques, pour assurer la sensibilité des électrodes et la reproductibilité des mesures.

2.C. Conclusion

Dans cette partie, nous nous sommes attachés à analyser soigneusement le comportement électrochimique du nickel dans des solutions tampon phosphate et carbonate en présence de chlorure, urée et lactate, afin de se rapprocher le plus possible du milieu physiologique de la sueur de la peau. Toutes les mesures électrochimiques ont été réalisées à l'aide d'un montage mimant la configuration de l'ensemble des électrodes dans cette nouvelle technologie.

Les travaux que nous avons réalisés ont permis d'éclaircir les phénomènes électrochimiques se produisant, durant les tests cliniques, du coté anodique et cathodique :

- Anodiquement : pour des potentiels peu élevés, les réactions électrochimiques sont principalement reliées à l'oxydation du nickel menant à la formation d'un film passif composé probablement par une couche inerte du NiO et une couche externe de $Ni(OH)_2$. A des potentiels plus élevés, les courants anodiques sont dus principalement à la destruction du film passif suite à l'attaque des Cl^-.
- Cathodiquement : pour des potentiels peu élevés, les processus cathodiques sont principalement reliés à la réduction du film passif, tandis que la réduction de l'électrolyte et du film passif sont à l'origine des courants cathodiques obtenus à des potentiels élevés.

Nos résultats montrent également que les courants anodiques, notamment les murs liés à la rupture du film passif, sont contrôlés par la variation de la concentration de chlorure. Alors que la variation du pH et du lactate semblent avoir des effets moins significatifs. Néanmoins, les courants cathodiques sont principalement contrôlés par la variation du niveau d'acidité. Ceci prouve que les variations du pH et de la concentration de Cl^- dans la sueur sont les 2 paramètres clés permettant la détection précoce du diabète avec la technologie SUDOSCAN^{TM}.

Enfin, cette étude nous a permis de définir les conditions expérimentales permettant d'améliorer la sensibilité des électrodes. En effet, en balayant vers -$1V_{Ni}$, la dissolution du film passif mène à une ré-activation de la surface des électrodes, d'où l'importance d'alterner la polarité des électrodes durant les tests cliniques.

Chapitre 3

Simulation des tests cliniques et vieillissement électrochimique du capteur Ni

chapitre 3. Simulation des tests cliniques et vieillissement électrochimique du capteur Ni

Ce chapitre est composé de deux parties : la première partie se présente sous la forme d'un article publié. Nous rapportons aussi dans cette partie les principaux résultats obtenus lors d'une étude « in-vitro » du comportement électrique de la peau, mimée par plusieurs membranes artificielles. Dans l'article, nous présentons les principaux résultats obtenus lors de la simulation « in-vitro » des tests cliniques. La deuxième partie, se présente sous la forme d'un article décrivant l'évolution des propriétés physico-chimiques du nickel après vieillissement électrochimique.

3.A. Comportement électrique de la peau et simulation des tests cliniques

3.A.1 Comportement électrique de la peau

Nous décrivons ici le comportement électrique de la peau et son impact sur les réponses électrochimiques du Ni étudiés « in-vitro » en réalisant différentes mesures voltampérométriques sur des électrodes de Ni recouvertes par différentes membranes artificielles qui miment certaines fonctions de la peau. Rappelons que la peau humaine est la première barrière de protection de l'organisme. Cette protection est assurée principalement par la couche cornée. La sueur produite à la surface de la peau est secrétée par les glandes sudoripares eccrines localisées sur presque tout le corps mais surtout sur la paume des mains, sur la plante des pieds, et sur le front (les endroits où les électrodes sont positionnées durant les tests cliniques). La partie sécréteuse se trouve enroulée dans le derme ; le canal excréteur s'étend vers le haut et débouche sur un pore en forme d'entonnoir à la surface de la peau (figure 28).

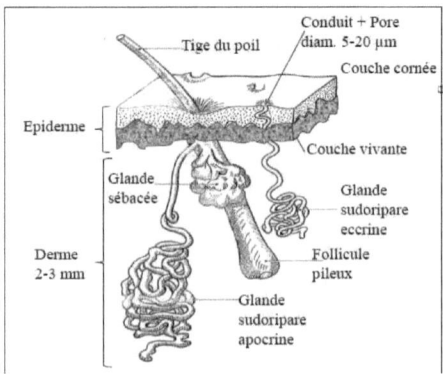

Figure 28 : Structure simplifiée de la peau.

Pour mimer l'impact de la peau sur les réponses électrochimiques obtenues sur le nickel, nous avons utilisé 3 types de membranes artificielles :

- M1 : membrane en ester de cellulose (fournie par Spectrum Laboratories), d'environ 80 µm d'épaisseur et contenant des pores de diamètre ≈ 1 nm. Cette membrane a été utilisée précédemment pour mimer la porosité et les propriétés électriques de la peau [67] sans prendre en considération les conduits sudoripares.
- M2 : membrane en ester de cellulose (fournie par la société Millipore), d'environ 1600 µm d'épaisseur et contenant des pores de diamètre ≈ 5 µm. Nous avons choisi d'utiliser cette membrane afin de simuler le comportement des canaux sudoripares provenant des glandes sudoripares eccrines. La porosité de cette membrane est égale à 84%.
- M3 : membrane en ester de cellulose (fournie par la société Spectrum Laboratories), d'environ 80 µm d'épaisseur et contenant des pores de

diamètre ≈ 100 nm. Cette membrane artificielle a été utilisée afin d'investiguer l'influence de la variation de diamètre de pores sur le comportement électrochimique du Ni.

La structure de la cellulose est la suivante :

Les esters de cellulose sont généralement préparés de la manière suivante :

R-Cellulose.OH + R'Cl + NaOH → R-Cell.OR' + NaCl + H_2O

Les membranes artificielles ont été fixées à la surface de l'électrode à l'aide de scotch adhésif spécifique (le contact entre l'électrode, recouverte de la membrane, et la solution aqueuse est par l'intermédiaire d'un trou dans le scotch. Ce trou a une surface spécifique). Chaque mesure électrochimique a été répétée plusieurs fois afin de s'assurer de la bonne adhérence entre la membrane artificielle et la plaque de Ni et donc de la reproductibilité des résultats obtenus.

Dans un premier temps, nous avons évalué le comportement électrique de ces 3 membranes artificielles en étudiant le comportement électrochimique d'une solution tampon carbonate (36 mmol.L^{-1}, pH 7,4) contenant 1 mmol.L^{-1} ferrocenemethanol, sur une électrode de platine.

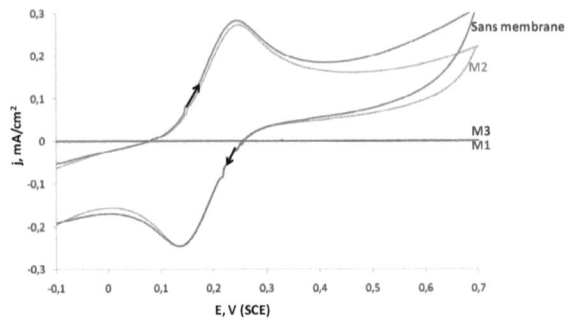

Figure 29 : Voltampérométries cycliques d'une solution tampon carbonate (36 mmol.L^{-1}, pH 7,4) contenant 1 mmol.L^{-1} ferrocenemethanol sur une électrode de platine recouverte par différentes membranes artificielles. V_b=100mV.s^{-1}.

Les cycles voltampérométriques obtenus (figure 29) montrent clairement l'absence de processus rédox à la surface de l'électrode de platine, lorsque cette dernière est recouverte par les membranes artificielles notées « M1 et M3 ». Ceci est dû probablement à la petite taille des pores présents dans ces 2 membranes empêchant la diffusion du ferrocenemethanol à la surface de l'électrode de platine.

En revanche, en recouvrant l'électrode de platine par une membrane artificielle contenant des pores de diamètre ≈ 5 μm (M2), le voltampérogramme présente des caractéristiques proches de celles obtenues dans le cas d'une électrode de platine non recouverte par une membrane artificielle. En effet, une légère diminution de l'intensité du pic anodique a été détectée. Ceci prouve que la taille des pores de cette membrane est suffisamment élevée pour permettre la diffusion du ferrocenemethanol à la surface de l'électrode.

Il est à noter que le comportement électrique de ces 3 membranes a été également évalué en étudiant le comportement électrochimique d'une solution tampon (36 mmol.L^{-1}, pH 7,4) contenant du Ru(NH$_3$)$_6$Cl$_3$. Les résultats obtenus montrent des caractéristiques similaires à celles trouvées dans le cas de ferrocenemethanol.

Dans un deuxième temps, nous avons étudié l'évolution des courbes de polarisation anodiques obtenues sur le Ni, recouvertes ou non par les différentes membranes artificielles, dans une solution tampon carbonate (36 mmol.L^{-1}, pH 6) en présence de 120 mmol.L^{-1} NaCl.

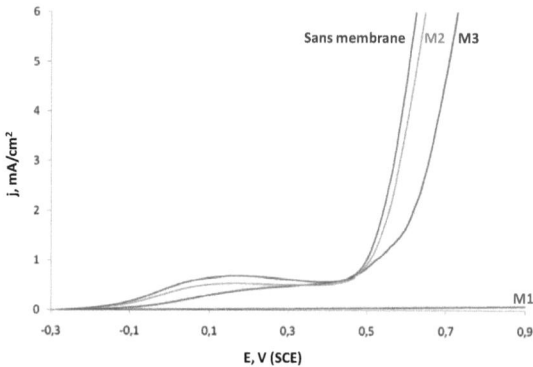

Figure 30 : Voltampérométrie linéaire sur une électrode de Ni recouverte par différentes membranes artificielles dans une solution tampon carbonate (36 mmol.L^{-1}, pH 6) et contenant 120 mmol.L^{-1} NaCl. V_b=100mV.s^{-1}.

En recouvrant l'électrode de nickel par la membrane artificielle « M1 », un faible courant anodique a été détecté (figure 30). Ceci est dû à la résistance élevée de cette membrane qui isole quasiment l'électrode de Ni et donc empêche la diffusion des ions, présents dans la solution, à la surface de l'électrode.

Par contre, en recouvrant l'électrode de Ni par la membrane artificielle « M2», les résultats obtenus (figure 30), montrent que le comportement électrochimique du Ni semble être légèrement influencé par la présence de la membrane. En effet, une diminution de l'intensité du courant de dissolution et un faible déplacement de E_b vers des potentiels anodiques plus élevés ont été trouvés. Une influence plus significative a été trouvée, en présence de la membrane « M3 ».

Ceci est dû à la diminution des diamètres des pores qui rend l'accès des différents ions, présents dans la solution, plus difficile à la surface de l'électrode.

Afin de connaître si la légère évolution des caractéristiques du voltampérogramme obtenu, en présence de la membrane « M2 », est due à une faible résistance de la membrane ou seulement au fait que la surface de l'électrode exposée à la solution est plus petite, nous avons calculé dans la suite, la densité de courant par rapport à la surface de l'électrode exposée à la solution :

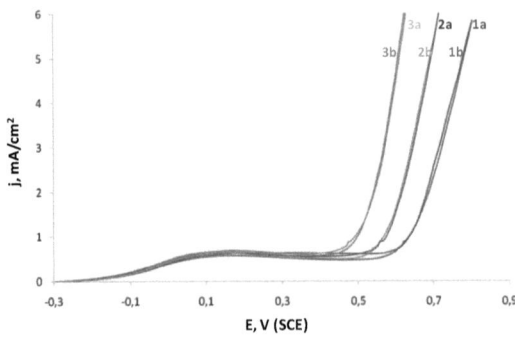

Figure 31 : Voltampérométrie linéaire de sur une électrode de Ni (a : sans membrane; b : en présence de la membrane M2) dans des solutions tampon carbonate (36 mmol.L^{-1}, pH 6) contenant des différentes concentrations de NaCl (1 : 30; 2 : 60 et 3 : 120 mmol.L^{-1}). Densité de courant calculée par rapport à la surface totale de l'électrode exposée à la solution. V_b=100mV.s^{-1}.

La figure 31 montre les courbes de polarisation obtenues sur une électrode de nickel, recouverte ou non par la membrane artificielle « M2 », dans des solutions tampons carbonates contenant des différentes concentrations de Cl$^-$. En présence de la membrane « M2 », la densité de courant (j = I / S) a été calculée par rapport à la surface totale des pores et donc par rapport à la surface de l'électrode qui est exposée à la solution.

Dans tous les cas, la présence de la membrane « M2 », n'affecte pas les caractéristiques des voltampérogrammes obtenus. Ceci prouve que la petite évolution des caractéristiques densités de courant – potentiel, rapportée et discutée dans la figure 30, en présence de la membrane « M2 », est seulement due à la diminution de la surface totale de l'électrode exposée à la solution.

Ces résultats tendent à prouver que les courants électriques non-linéaires, obtenus durant les tests cliniques, sont assurés par le contact des électrodes avec les pores dus aux conduits sudoripares traversant la peau, tandis que la couche cornée, forme une excellente barrière qui empêche la diffusion des ions. Ces résultats confirment également la similarité entre les courants électriques non-linéaires obtenus durant les tests cliniques et ceux obtenus sur le nickel dans des solutions reproduisant la condition de la sueur.

3.A.2 Simulation électrochimique des mesures électriques des tests cliniques

Nous présentons içi sous la forme d'un article publié dans la revue « Sensors Letters ». Cet article intitulé «SUDOSCAN device for the early detection of diabetes: in vitro measurements versus results of clinical tests » est basé sur les résultats obtenus lors de la simulation des tests cliniques, en mesurant la variation du courant en fonction des potentiels anodiques appliqués, en fonction des potentiels cathodiques induits et en fonction de leurs différences. Cette étude nous a permis de corréler les résultats « in vitro » avec ceux obtenus durant les tests cliniques afin de mieux comprendre l'origine des courants et leurs évolutions en fonction de la concentration des chlorures. Dans cette partie, les mesures électrochimiques ont été réalisées à l'aide d'un montage particulier à 3 électrodes (annexe 1). Dans ce montage, deux plaques de Ni de même surface ont été utilisées comme électrode de travail et comme contre électrode. Une électrode à calomel saturé a été utilisée comme référence. En balayant le potentiel dans le sens positif, sur l'électrode de travail, les potentiels cathodiques induits sur la contre électrode ont été mesurés simultanément.

Il est à noter que dans cet article, une synthèse des principaux résultats a été présentée. Les autres résultats obtenus, tendent à confirmer les résultats rapportés et discutés dans cet article.

SUDOSCAN device for the early detection of diabetes: *in vitro* measurements versus results of clinical tests

Hanna Ayoub[1,2,3], Virginie Lair[1], Sophie Griveau[2,3], Philippe Brunswick[4], Fethi Bédioui[2,3*], Michel Cassir[1*]

[1] ENSCP-Chimie ParisTech, LECIME, CNRS UMR 7575, 11 rue Pierre et Marie Curie, 75213 Paris Cedex 05, France.

[2] Unité de Pharmacologie Chimique et Génétique et Imagerie, CNRS n° 8151, Chimie ParisTech, Université Paris Descartes, Paris, France.

[3] INSERM, Unité de Pharmacologie Chimique et Génétique et Imagerie n° 1022, Paris, France

[4] IMPETO Medical, 17 rue Campagne Première, 75014 Paris, France.

Abstract

A medical device called "SUDOSCAN" for diagnosis of sudomotor dysfunctions and detection of diabetes in an early stage uses a set-up of couples of nickel anode and cathode placed on skin region with high density of sweat glands to assess the deviation in sweat ionic balance notably the deviation in chloride concentration. In this paper, it is shown that the electrochemical *in vitro* measurements on the behavior of nickel electrodes are close enough to those obtained through the clinical tests. The *in vitro* procedure consists in measuring the cathode potential after applying an incremental voltage at the anode; the resulting variation of the current is followed *vs.* the potential of anode, cathode and their difference, respectively. This study brings further explanation on the origin of the onsets of currents and their evolution with chloride ion concentrations.

1- Introduction

A technology called "SUDOSCAN" [1] uses electrochemical measurements and proprietary technology to measure sudomotor dysfunction of the eccrine sweat gland system for early detection of diabetes. It reliably detects deviations in the ionic balance and pH value of the sweat ducts caused by impaired innervation of eccrine sweat glands. In this technology, six large area nickel electrodes, placed on skin regions with a high density of sweat glands (palms, feet and forehead), are used alternatively as anode or cathode. The test requires 2 minutes during which 6 combinations of 15 different low DC voltages (from 4 to 1.5 V) are applied. The electrochemical phenomena are measured by two active electrodes (anode and cathode) located successively in the three regions, whilst the fourth other passive electrodes allow retrieval of the body potential. Electro-skin conductance is then calculated from the resulting voltage and the generated current, which is expressed in three ways: *(i)* current as a function of the anodic potential (so-called E), *(ii)* current as a function of the absolute values of the cathodic potential after applying an incremental voltage at the anode (so-called V), and *(iii)* current as a function of $U = E+V$. Figure 1 shows an example of the SUDOSCAN measurements as displayed by the medical device. These data may serve to detect sweat gland dysfunction by the chloride ion balance and thus further diagnosis of early diabetes stages.

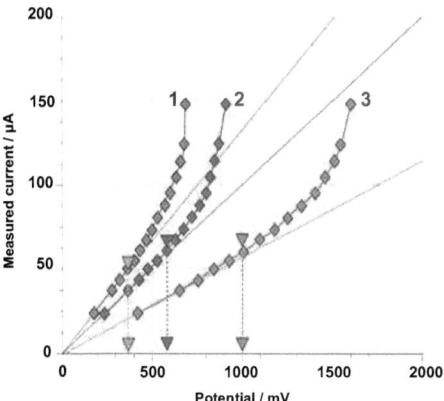

Figure 1: Example of the electrochemical results obtained by the SUDOSCAN technology (1: I vs E; 2: I vs V and 3: I vs U). The deviation point allows measuring the chloride ion balance in sweat gland ducts.

We have recently showed [2] that for low voltage amplitudes, the electrochemical reactions occurring at the Ni electrodes are those related to the nickel oxidation, leading to the formation of a passive layer (composed probably by $Ni(OH)_2$ and/or NiO), as well as its reduction. For higher voltage amplitude, the breakdown of the passive layer following the Cl⁻ attack becomes the main electrochemical anodic reaction, while its reduction and that of the electrolytic solution govern the cathode reactions. These data also showed the influence of chloride ion concentration on the evolution of the electrochemical measurements.

In the present study, the SUDOSCAN clinical tests were simulated by measuring the variation of the resulting current as a function of E, V and U in carbonate buffer solutions (CBS) at a physiological pH value and in presence of different concentrations of Cl⁻ (within the expected limits in sweat). The aim of this study is to establish a parallel between the *in-vitro* observations and those obtained during the clinical tests to further understand the origin of the onsets of currents and their evolution with chloride ion concentrations.

2- Experimental conditions

Electrochemical experiments were carried out with a conventional three electrode set-up and a Princeton Applied Research Inc. potentiostat/galvanostat Model 263 A. Nickel plates (from Goodfellow, UK), exposing a geometric area of 0.2826 cm^2 to the solution, were used as working electrodes. The saturated calomel electrode (SCE) was used as a reference electrode and Ni plates, exposing a geometric area of 0.2826 cm^2 to the solution, was used as auxiliary electrode. Before each measurement, the working and the auxiliary electrodes were polished successively with a 1200, 2400 and 4000 grit SiC paper, followed by ultrasonic rinse in ultra pure water for 5 minutes and, finally, a cathodic treatment by sweeping 5 cycles between -0.6 and -1.4 V/SCE. The values of the cathodic potentials, when sweeping towards anodic potentials, were measured vs. the saturated calomel electrode (SCE) using a standard pH meter (PHM 210, Radiometer Analytical).

All the aqueous solutions were prepared using Ultra pure water provided by a Millipore filtration set up (18.2 MΩ cm). The carbonate buffer solutions (CBS) were prepared from NaHCO$_3$ (Merck, purity ≥ 99.5 %) and the pH was set, as a first step, with few drops of concentrated sulfuric acid, then during the measurements, with a mixture of carbon dioxide and air at different ratios. Indeed [H$_2$CO$_3$]/[HCO$_3^-$] has to be maintained constant during the measurements by monitoring CO$_2$ partial pressure. The solutions containing chloride ions were prepared using NaCl (Sigma Aldrich, purity ≥ 99.5%).

3- Results and discussions

Evaluation of the behavior of Ni using a three electrode set-up, combining a Ni plate as working electrode, a Ni plate as counter electrode and a saturated calomel electrode as reference, was performed in CBS (36 mM, pH 7) in presence of Cl⁻ (120 mM) in order to describe the different anodic and cathodic electrochemical reactions taking place at the surface of the Ni electrode.

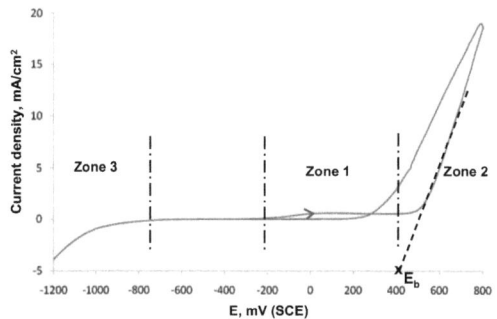

Figure 2: Cyclic voltammograms of Ni electrode in CBS (36 mM) at pH 7 and in presence of NaCl (120 mM).

Typical cyclic voltammogram obtained at a Ni electrode in the -0.3 V to -1.2 V/SCE potential range is shown in Fig.2. Three distinct zones are observed: *(i)* in zone 1, an anodic oxidation process occurs leading to the formation of a passive film composed probably by $Ni(OH)_2$/NiO and $NiCO_3$ [2]; *(ii)* in zone 2 (high anodic potentials), a large anodic current related to the local dissolution of Ni following the Cl⁻ attack is observed [2] and *(iii)* in zone 3 (high cathodic potentials), a broad current related to the reduction of the passive film and the electrolyte solution is observed [2,5]. Fig. 2 shows also how to determine the breakdown potential E_b of the Ni anode, which is similar to the potential associated to the point of deviation of the voltammogram in zone 2.

In order to understand the influence of the concentrations of Cl⁻ on the measured variation of current-voltage outputs, linear anodic voltammograms were performed in a -0.3 V to 0.9 V/SCE potential range and the induced potentials on the counter electrode (playing the role of cathode in this case) were measured simultaneously. The results are then expressed, as in SUDOSCAN technology, as follows: (a) j vs E, (b) j vs. V and (c) j vs. U (E+V) where j is the current density.

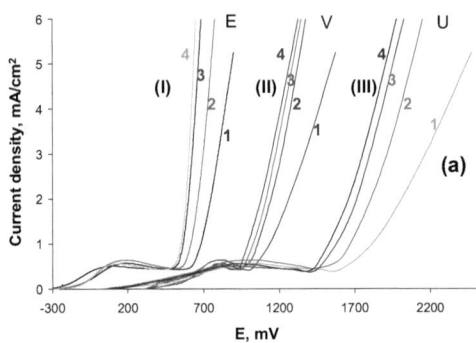

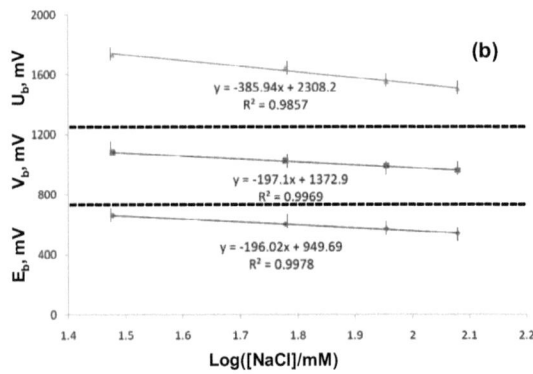

Figure 3: (a) (I) j vs E, (II) j vs V and (III) j vs U (E+V) after sweeping the potential between -0.3 → 0.8 V/SCE in CBS (36 mM, pH 7) and in presence of NaCl (curves 1: 30 mM, curves 2: 60 mM, curves 3: 90 mM and curves 4: 120 mM). (b) Evolution of E_b, V_b and U_b as a function of Log[Cl⁻] (data from Fig. 3a).

Fig. 3a depicts the results obtained in CBS (36 mM, pH 7), containing different concentrations of NaCl (30, 60, 90 and 120 mM). It clearly appears that in the region where large currents are observed, the absolute values of the obtained cathodic potentials (V) are higher than 1 V/SCE. When comparing these results to those shown in the typical cyclic voltammogram (Fig. 2; zone 3), one can consider that, in this region, the electrochemical reactions taking place on the surface of the auxiliary electrode (playing the role of cathode in this case) are mainly related to the reduction of the passive film and the electrolyte solution. More precisely, at lower cathodic potentials, the electrochemical cathodic reactions are mainly due to the reduction of the passive film.

It also clearly appears that the concentration of Cl^- affects the variation of the current as a function of E, V and U. In fact, the increase in the concentration of Cl^- shifts linearly the breakdown potential, E_b, towards more cathodic values, as it can be seen in Fig. 3b. This is explained by the increase in the concentration ratios $[Cl^-]/[OH^-]$ that acts in favor of the adsorption of Cl^- and, thus, the weakness of the passive layer, leading to a local dissolution of Ni [2,6]. According to the same way than E_b, V_b and U_b can be also evaluated as the potentials associated to the point of deviation of j-V and j-U curves. Fig. 3b shows that the increase in the concentration of Cl^- shifts linearly V_b towards lower V values and the slope value of V_b vs $Log[Cl^-]$ is close to that of E_b vs $Log[Cl^-]$. Consequently, the increase in Cl^- concentration shifts linearly U_b towards lower U values and the slope of U_b vs $Log[Cl^-]$ is about twice the value found for E_b or V_b vs $Log[Cl^-]$. It should be noticed that the results obtained at pH 6 provided the same features as in the present case. This implies that the evolution of the current-voltage curves reported in Figs 3a and 3b are not very sensitive to the variation of pH values. These results suggest that it is a very efficient way to detect the deviation in the ion balance and, notably, the deviation in Cl^- concentration.

4-Conclusion

In the present study, the SUDOSCAN clinical tests were simulated using an *in vitro* electrochemical set-up and carbonate buffer solutions (CBS) containing different concentration of Cl⁻ within the expected limit in sweat. The evolutions of the current-potential onsets measured *in vitro* are quite close to those obtained during the clinical tests. This tends to prove that the electrochemical reactions taking place at the surface of the cathode and anode govern the origin of the current onsets. The determination of the current curve as a function of the potential (anode, cathode or their difference) provides a very efficient way to detect the deviation in the ion balance and notably the deviation in Cl⁻ concentration, thus allowing the clinical assessment of sudomotor dysfunction that is observed in early diabetes stages.

4- References

1. P. Brunswick, N. Bocquet, Electrophysiological system of analysis, Patent number: France 0753461 and PCT EP2008/052211.

2. H. Ayoub, S. Griveau, V. Lair, P. Brunswick, M. Cassir, F. Bedioui, *Electroanalysis*, 22, 2483 **(2010)**

3. I. Milosev, T. Kosec, *Electrochim. Acta* 52, 6799 **(2007)**

4. S. G. Real, M. R. Barbosa, J. R. Vilche, A. J. Arvia, *J. Electrochem. Soc.* 137, 1696 **(1990)**

5. B.MacDougall, M.Cohen, *Electrochim. Acta*, 23, 145 **(1978)**

6. K. Khalfallah, H. Ayoub, J. H. Calvet, X. Neveu, P. Brunswick, S. Griveau, V. Lair, M. Cassir, F. Bedioui, *IEEE Sensors Journal*, in press **(2011)**.

3.B. Vieillissement électrochimique du nickel

Cette partie se présente sous la forme d'un article publié dans la revue « Applied Surface Science ». Cet article intitulée « Ageing of nickel plates used as sensitive materials for early detection of sudomotor dysfunction », décrit l'évolution des propriétés physico-chimiques du nickel après vieillissement électrochimique.

En fait, comme détaillé, dans le premier chapitre : durant les tests cliniques, les électrodes du Ni jouent alternativement le rôle d'anode et de cathode et ne subissent pas un traitement spécifique avant chaque mesure. Une analyse de l'évolution des propriétés des paramètres physico-chimiques du nickel est donc nécessaire pour assurer la bonne performance des électrodes, après vieillissement avec les mesures cliniques.

Par conséquent, des analyses de surface, par les spectroscopies « XPS et SIMS » (annexes 2 et 3), ont été réalisées sur des électrodes de nickel vieillies, par des cycles voltampérométriques répétitifs dans des différentes gammes de potentiels (dans des conditions de pH = 6,4 et en absence ou présence de 120 mmol.L^{-1} NaCl).

Ceci nous a permis d'étudier l'évolution de la surface des électrodes de nickel, notamment l'évolution des couches d'oxydes et son impact sur la performance des électrodes après vieillissement électrochimique.

Ageing of nickel used as sensitive material for early detection of sudomotor dysfunction

Hanna Ayoub[a,b], Virginie Lair[a], Sophie Griveau[b], Anouk Galtayries*[c], Philippe Brunswick[d], Fethi Bedioui[b], Michel Cassir *[a]

[a] Laboratoire d'Électrochimie, Chimie des Interfaces et Modélisation pour l'Énergie (LECIME), CNRS-ENSCP (UMR 7575), Chimie ParisTech, 11 rue Pierre et Marie Curie, F-75231 Paris cedex 05, France

[b] Unité Pharmacologie Chimique et Génétique et Imagerie, CNRS 8151/INSERM U 1022/Université Paris Descartes/Chimie ParisTech, 11 rue Pierre et Marie Curie, F-75231 Paris cedex 05, France

[c] Laboratoire de Physico-Chimie des Surfaces (LPCS), CNRS-ENSCP (UMR 7045), Chimie ParisTech, 11 rue Pierre et Marie Curie, F-75231 Paris cedex 05, France

[d] IMPETO Medical, 17 rue Campagne Première, F-75014 Paris, France

Abstract

The surface ageing of nickel electrodes was studied in the frame of the development of non-invasive biomedical devices, dedicated to the detection of sudomotor dysfunction manifested by an alteration of the ionic balance in human sweat. In this kind of technology, low voltage potentials with variable amplitudes are applied to nickel electrodes, placed on skin regions with a high density of sweat glands, and the electrical responses are measured. The trick is that nickel electrodes play alternately the role of anode and cathode, thus the analysis of the temporal evolution of the physico-chemical properties of nickel is of prime importance to ensure the good performance of the device. Electrochemical measurements coupled to surface chemical characterizations (XPS, ToF-SIMS) were performed on pure Ni samples, immersed in buffered chloride solutions mimicking human sweat. The shapes of voltammograms in a restricted anodic potential range show that the surface of nickel was gradually passivated as a function of the number of scans. This was confirmed by XPS data, with the formation of a 1 nm thick duplex layer composed by nickel hydroxide (outermost layer) and nickel oxide (inner layer). In a negative extended potential range, though the electrochemical behavior of electrodes was not modified upon cycling the potential, XPS data show that the inner layer was thickening, indicating a surface degradation of the nickel electrode. Below pitting potentials, adsorbed chloride was only hardly detected by XPS, and the surface composition of the nickel samples was similar after treatments in chloride or chloride-free buffered solutions. In a larger potential range enabling to reach the breakdown potential, the highly chemically sensitive ToF-SIMS characterization pointed out that the surface concentration of adsorbed chloride was higher in pits than elsewhere on the surface sample.

Keywords: Nickel, Ni ageing, nickel oxide, XPS, ToF-SIMS, electrochemistry, chloride, physiological pH, synthetic sweat

I- Introduction

Diabetes is known to affect the peripheral nervous system and the small nerve fibers are the very first victims of this disease. Lauria and Lombardi [1] proved that the sympathetic innervations of eccrine sweat glands were gradually reduced at an early stage of the evolution of diabetes. The alteration of autonomous control of sweat glands causes a durable shift in the ionic balance and pH value of sweat conducts. This led some biomedical companies to develop new devices to measure the ionic balance in the sweat [2]. Such non-invasive devices use reverse iontophoresis for sudomotor function assessment allowing detecting diabetes in an early stages. In this kind of technology, nickel electrodes are placed on particular skin regions with a high density of sweat glands (palms, feet and front). Then, a low voltage potential (referenced to a third non polarized passive electrode) of variable amplitude, is applied randomly between two selected electrodes. The score representative of the individual risk of diabetes is elaborated through an algorithm that uses the current-voltage response of the skin during the application of low voltages potential and a theoretical model of the electrical properties of human skin in a range of voltages between 0.2 and 4 V. These electrodes are made of nickel, which is a key parameter of the device because of its sensitivity to sweat composition. The nickel electrodes play alternately the role of anode and cathode, which do not undergo any specific pretreatment before each measurement. Thus the analysis of the temporal evolution of the physico-chemical properties of nickel is of prime importance to ensure the good performance of the biomedical device.

In previous studies [3], we have shown that an oxide film was formed at the electrode surface. We have proven also that the Ni electrode surface could be freshly renewed when sweeping towards a cathodic potential of -1.0 V. This was attributed to the reduction of the oxides formed on the electrode surface (when the electrode plays the role of anode). One should note here that, during clinical tests, the induced cathodic potentials, after applying an incremental voltage at the anode, can reach values of less or equal to -1 V [4].

There are no published studies related to a deeper insight on the electrochemical behavior of Ni electrodes and the associated surface modifications of the nickel surfaces, after ageing with an increasing number of current-potential cycles in physiological-like neutral media, mimicking sweat composition. Thus, the objectives of the present work are to study both the electrochemical behavior and the surface chemical composition of nickel electrodes after ageing under repeated cyclic voltammograms in different potential windows.

In the present study, XPS (X-ray photoelectron spectroscopy) and ToF-SIMS (Time of flight – Secondary Ion Mass Spectrometry) analyses were performed to thoroughly characterize Ni surfaces, model of Ni electrodes, after ageing with repeated cyclic voltammograms in carbonate buffer solutions containing main components of sweat, at different potential ranges, in : *(i)* a restricted anodic potential range (-0.3 V to 0.5 V and return to -0.3 V), *(ii)* a negative extended potential range (-0.3 to 0.5 V and return to -1 V) and *(iii)* a larger potential range (-0.3 V to 1 V and return to -1 V), in order to reach anodic potentials higher than the breakdown potentials leading to a localized dissolution of nickel [3,5].

2- Experimental

2.1- Materials and solutions

Nickel plates and wires, with a purity of 99.95 %, were provided by Goodfellow (UK). Nickel plates were polished with 1200, 2400 and 4000 grit SiC paper. This step was followed by ultrasonic rinsing in ultra-pure water for 5 minutes.

All the aqueous solutions were prepared using ultra pure water provided by a Millipore filtration set-up (18.2 MΩ cm). The carbonate buffer solutions (CBS) were prepared from $NaHCO_3$ (Merck, purity $\geq$ 99.5 %) and the pH was first set at 6.4, at the beginning of the experiments, with few drops of concentrated sulfuric acid, then during the measurements, with a mixture of carbon dioxide and air at different ratios. Indeed $[H_2CO_3]/[HCO3^-]$ has to be maintained constant during the measurements by monitoring CO_2 partial pressure. The solutions containing chloride ions were prepared using NaCl (Sigma Aldrich, purity $\geq$ 99.5%).

2.2- Electrochemical measurements

Electrochemical experiments were carried out with a conventional three electrodes cell and a Princeton Applied Research Inc. Potentiostat/Galvanostat Model 263A. A nickel plate, exposing a geometric area of 0.2826 cm^2 to the solution, was used as the working electrode. Nickel wires were used as counter-electrode and pseudo-reference electrode in order to mimic the whole nickel electrode configuration of the medical device [2]. The potential of Ni pseudo-reference was measured *vs.* a saturated calomel electrode (SCE). The obtained data show that the potential difference ΔE ($\Delta E = E_{Ni} - E_{SCE}$) slightly evolves during the electrochemical ageing of Ni electrode and its average value is ≈ -140 mV. Before electrochemical measurements, a cathodic pre-treatment was applied to the Ni plate electrode by sweeping 5 cycles between -0.5 and -1.4 V. The Ni counter electrode was only rinsed with ultra-pure water before electrochemical measurements.

2.3- Surface Analysis

XPS (X-ray Photoelectron Spectroscopy) analyses were performed with an ESCALAB 250 spectrometer (Thermo Electron Corporation), using a monochromatized focused Al Kα X-ray source (1486.6 eV). The spectrometer was calibrated against the reference binding energies (BEs) of clean Cu (Cu $2p_{3/2}$ at 932.6 eV), Ag (Ag $3d_{5/2}$ at 368.2 eV) and Au (Au $4f_{7/2}$ at 84.0 eV) samples. Base pressure during analysis was 1×10^{-7} Pa. The analysed area had a diameter of about 500 µm. In addition to the survey spectrum (pass energy of 100 eV, step energy of 1 eV), the following core levels were systematically recorded at higher energy resolution (pass energy of 20 eV): C 1s, O 1s, Cl 2p, Na 1s and Ni 2p (step energy of 0.1 eV), with a take-off angle of 90°. It was determined, using the C 1s core level, that some of the thicker oxide films exhibited evidence of differential charging by as much as 0.3 eV. To take into account surface charging effects, core levels were referenced by setting the lowest BE component of the resolved C 1s peak (corresponding to adventitious carbon in a hydrocarbon environment) to 285.0 eV. Core level peak decompositions were performed with the CasaXPS$^©$ program. All peaks were fitted using a Shirley background. The asymmetry of the metallic nickel contribution in Ni $2p_{3/2}$ was systematically generated using a hybrid Doniach-Sunjic/Gaussian-Lorentzian product line shape [6]. All other contributions were symmetric and obtained by using a 70% Gaussian/30% Lorentzian peak shape.

ToF-SIMS (Time of Flight Secondary Ion mass Spectrometry) data were acquired using a TOF.SIMS V spectrometer (ION-TOF GmbH). The analysis chamber was maintained at less than 5×10^{-7} Pa in operation conditions. The total primary ion flux was below 10^{12} ions×cm^{-2} to ensure static conditions. A pulsed 25 keV Bi^+ primary ion source (Liquid Metal Ion Gun, LMIG) at a current of about 1 pA (high current bunched mode for spectrometry), rastered over a scan area of 100 µm × 100 µm was used as the analysis beam (unless another scan area dimension is quoted in the text). High lateral resolution secondary ion images were obtained with the pulsed 25 keV Bi^+ LMIG at a current of about 0.1 pA (burst alignment mode for imaging), after a few seconds of ion sputtering (Cs^+), to remove external surface contamination. Data acquisition and processing analyses were performed using the commercial IonSpec© and IonImage© programs. The exact mass values of at least 6 known species, from H^-, C^-, O^-, C_2^-, C_3^-, and Cl^- were used for calibration of the data, acquired in the negative ion mode.

3- Results and discussion

3.1- *Study of nickel surface below pitting potentials*

In this part, the nickel ageing study was voluntary limited to potentials below the breakdown potential range and, thus, before observing pitting corrosion [3].

The electrochemical behavior of Ni electrodes was first studied after ageing with repeated cyclic voltammograms in a potential range of -0.3 V to 0.5 V and return to -0.3 V (anodic region only). Then, in order to assess the influence of alternating the polarity of the electrodes during the clinical tests on the Ni ageing behavior (each electrode playing alternately the role of anode or cathode), successive cyclic voltammograms were performed in a potential range of -0.3 → 0.5 → -1 V (cathodic region). All the experiments were conducted in aerated CBS solutions, with a concentration of 120 mM of NaCl.

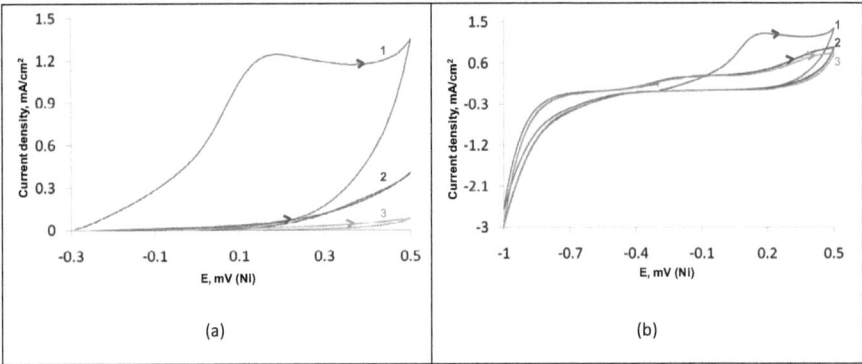

Figure 1: Successive cyclic voltammograms of Ni electrode in CBS (pH 6.4) in presence of 120 mM NaCl. Scan rate = 100 mV/s. (a) (curve 1: first cycle, curve 2: fourth cycle, curve 3: eighth cycle) in the potential range of -0.3 V → 0.5 V → -0.3 V (b) (curve 1: first cycle, curve 2: sixth cycle, curve 3: twelfth cycle) in the potential range of -0.3 → 0.5 → -1.0 V.

Fig. 1(a) shows the obtained cyclic voltammograms after 1, 4 and 8 cycles in aerated CBS (36 mM) in presence of Cl⁻ (120 mM) in the potential range [-0.3 → 0.5 →- 0.3 V]. It clearly appears that the first potential sweep strongly affects the subsequent cyclic voltammograms. The intensity of the anodic current is very high during the first cycle compared to subsequent cycles. This is mainly due to the cathodic pre-treatment that was applied before each measurement. Indeed this pre-treatment induces the *in situ* reduction of oxide film that spontaneously forms just after nickel polishing. The anodic plateau of the first cycle is attributed to Ni oxidation. It is no longer observed in the following cycles (see, for example, the voltammograms of the fourth cycle and eighth cycles in Fig. 1(a)). These changes in the voltammograms are mainly attributed to the formation of an oxide layer firmly attached to the metal and forming a compact barrier between the metal and the solution with a very low electronic conductivity during the first cycle [7-9].

Fig. 1(b) shows the obtained cyclic voltammograms after 1, 6 and 12 cycles when the potential on the return cycle is extended to -1 V (potential range [-0.3 → 0.5 →-1 →- 0.3 V]). As in Fig. 1(a), the intensity of the anodic current is high during the first cycle. However, contrarily to the results presented in Fig. 1(a), there are two new observations: (i) the Ni oxidation process is still observed during the subsequent cycles around -0.4 V and 0.4 V, (ii) the high intensities of the anodic current remain with the subsequent cycles. This is mainly due to a partial reduction or re-activation [9,10] of the compact oxide film when the potential scan is extended down to - 1 V. The following reactions have been proposed for the oxide film reduction [3, 11]

$$NiO + 2H^+ + 2e^- \rightarrow Ni + H_2O$$
$$\text{and/or } Ni(OH)_2 + 2H^+ + 2e^- \rightarrow Ni + 2H_2O$$

The re-activation of the oxide film, in the cathodic reduction step, is probably due to a surface modification or post-electrochemical re-organization of the initial deposited species [12] leading to an increase in the electronic conductivity of the surface of the Ni electrode.

It should be noticed here that additional experiments, performed in the absence of Cl⁻, displayed the same features as in the present case (data not shown). This implies that the voltammograms reported in Fig. 1 are poorly sensitive towards the presence of Cl⁻, as the potential range is below the pitting corrosion one.

These results clearly show that alternating the polarity of nickel electrodes plays a key role in ensuring an accurate sensitivity and reproducibility of the measurements with an increasing number of clinical tests. In other words, the electrochemical reactions taking place on the surface of Ni electrode, playing the role of cathode, lead to a partial reduction or re-activation of the compact oxide film formed on the surface of the Ni electrode when playing the role of anode.

The XPS characterizations performed on the series of samples which electrochemical treatments are displayed in Fig. 1(a) and 1(b), were compared to others performed on two control samples: Ni electrode after the cathodic pre-treatment (# 1), and Ni electrode after only 1 sweep from -0.3 to 0.5 V (# 2). The obtained results show that the O 1s core level peaks (data not shown) present at least two contributions, one located at low binding energy, at 529.5 ± 0.1 eV, characteristic of oxygen in NiO [13-15], and another one located at higher BE, at 531.4 ± 0.1 eV, characteristic of oxygen in $Ni(OH)_2$ [14,15]. It is also possible to include in this contribution the presence of oxygen from adsorbed carbonates (as checked in the C 1s core level by the presence of a contribution at high BE), and sulfates (as checked from the survey spectrum). A third contribution, located at 532.8 ± 0.1 eV, is also detected, possibly corresponding to adsorbed water [15].

As regards the surface information about chlorine, the spectra does not present any signal in the Cl 2p core level region: either the surface is not covered by any chloride, either this coverage is below the XPS detection limit (about 1 at atomic %).

Due to the high energy resolution of the spectrometer, the Ni $2p_{3/2}$ core levels were systematically decomposed into the spectroscopic contributions characteristic of metallic nickel (main peak located at a BE of 852.8 ± 0.2 eV, nickel plasmon at 856.3 eV ± 0.2 eV and satellite at 858.8 ± 0.2 eV [13-15]), nickel oxide NiO (main peak located at 854.7 ± 0.2 eV and two satellites located at 856.4 ± 0.2 eV and 861.7 ± 0.2 eV [13-15]) and $Ni(OH)_2$, (main peak at 856.7 ± 0.2 eV and satellite at 862.6 ± 0.2 eV) [14,15]. The other peak parameters used for the Ni $2p_{3/2}$ decomposition (*i.e.* peak splitting between main peak and satellite peak(s), full width at half maximum (FWHM) and intensity ratios displayed in Table 1) were taken from ref. [18]. The intensity contribution of NiO satellite at 862.6 eV, and Ni(OH)$_2$ satellite, which are the only two parameters that systematically significantly differ Ref.[18] were taken from from Ref. [15]. The discrepancy is attributed both to the very similar energy resolution performance of the spectrometers in Ref. [15] and in this work, and to the weak quantities of surface oxides which fosters larger uncertainties. All constraints were systematic for the whole set of fitted data, which at least allowed a reliable comparison of the quantification. Fig. 2 displays these core levels and their decomposition into individual contributions of Ni, NiO and Ni(OH)$_2$.

Table 1: peak position, full width at half maximum (FWHM) and intensity ratios used for the Ni 2p$_{3/2}$ peak decomposition.

	Ni metal	Ni metal plasmon	Ni metal satellite	NiO	NiO satellite 1	NiO satellite 2	Ni(OH)$_2$	Ni(OH)$_2$ satellite
Peak position (eV) ± 0.2 eV	852.8	856.3	858.8	854.7	856.4	861.7	856.7	862.6
FWHM (eV) ± 0.1 eV	1.1	1.7	2.0	1.4	2.4	2.5	2.3	5.3 (± 0.3)
Intensity ratio	1	0.10	0.15	1	1	0.94	1	0.45

A simple layer model of the passive film can be suggested on the basis of previously published data [8,9,16,17]. It is composed of an homogeneous continuous outermost layer of Ni(OH)$_2$, and an homogeneous continuous inner NiO oxide layer, in contact with the metal.

The quantitative processing of the O 1s core level peaks was not reliable enough due to the many sources of contamination detected in this particular core level. On the contrary, it was possible to calculate the equivalent thicknesses of the Ni(OH)$_2$ and NiO layers, as well as the total oxidized surface layer (as the arithmetic sum of the two former ones), from the peak intensities of the fitted Ni 2p$_{3/2}$ core levels, taking into account such two-layer model for the description of the Ni oxide film (see Eq. 1 [15,18] and Eq.2 (see for example Refs. [15,19] for a multi-layered systems) in all experiments.

$$d_{NiO} = \lambda_{Ni}^{NiO}.\sin\beta.\ln\left[1+\frac{D_{Ni}^{Ni}.\lambda_{Ni}^{Ni}}{D_{Ni}^{NiO}.\lambda_{Ni}^{NiO}}\cdot\frac{I_{Ni}^{NiO}}{I_{Ni}^{Ni}}\right] \quad (1)$$

$$d_{Ni(OH)_2} = \lambda_{Ni}^{Ni(OH)_2}.\sin\beta.\ln\left[1+\frac{D_{Ni}^{Ni}.\lambda_{Ni}^{Ni}}{D_{Ni}^{Ni(OH)_2}.\lambda_{Ni}^{Ni(OH)_2}}\cdot\frac{I_{Ni}^{Ni(OH)_2}}{I_{Ni}^{Ni}}\cdot\exp\left(\frac{-d_{NiO}}{\lambda_{Ni}^{NiO}.\sin\beta}\right)\right] \quad (2)$$

where d is the layer thickness, β is the take-off angle of the photoelectrons with respect to the sample surface, λ_M^N is the inelastic mean free path of the photoelectrons coming from M in the matrix N, I_{Ni}^{Ni} is the nickel intensity for Ni° in the bulk metal, $I_{Ni}^{Ni(OH)_2}$ is the nickel intensity for Ni(OH)$_2$, D_M^N is the density of M in the matrix N. The inelastic mean free paths used in this work are the following: 1.41 nm for λ_{Ni}^{Ni} [14], 1.43 nm for λ_{Ni}^{NiO} [14] and 1,19 nm for $\lambda_{Ni}^{Ni(OH)_2}$ [14].

The values are reported in Table 2.

Table 2: NiO and Ni(OH)$_2$ layer thicknesses estimated from the XPS Ni 2p$_{3/2}$ core level peak decompositions (two-layer model).

Sample treatment		NiO equivalent thickness (nm)	Ni(OH)$_2$ equivalent thickness (nm)	Passive layer thickness (nm)
control samples		(with 120 mM NaCl)		
	# 1*	0.5 ± 0.1	0.5 ± 0.1	1.0± 0.2
	# 2*	0.5 ± 0.1	0.5 ± 0.1	1.0± 0.2
-0.3 V →0.5 V→-0.3 V		(with 120 mM NaCl)		
	1 cycle	0.7 ± 0.1	0.5 ± 0.1	1.2± 0.2
	4 cycles	0.7 ± 0.1	0.7 ± 0.1	1.4± 0.2
	8 cycles	0.9 ± 0.1	0.7 ± 0.1	1.6± 0.2
-0.3V → 0.5 V→ -1.0 V		(with 120 mM NaCl)		
	1 cycle	0.5 ± 0.1	0.8 ± 0.1	1.3± 0.2
	6 cycles	1.4 ± 0.1	1.3 ± 0.1	2.7± 0.2
	12 cycles	2.6 ± 0.1	1.4 ± 0.1	4.0± 0.2
-0.3V → 0.5 V→ -1.0 V		(without 120 mM NaCl)		
	1 cycle	0.7 ± 0.1	1.0 ± 0.1	1.7± 0.2
	6 cycles	1.8 ± 0.1	1.1 ± 0.1	2.9± 0.2
	12 cycles	2.3 ± 0.1	1.8 ± 0.1	4.1± 0.2

* 1 : 5 cycles successive between -0.5 and -1.4 V; 2: 1 cycle between -0.3 and 0.5 V.

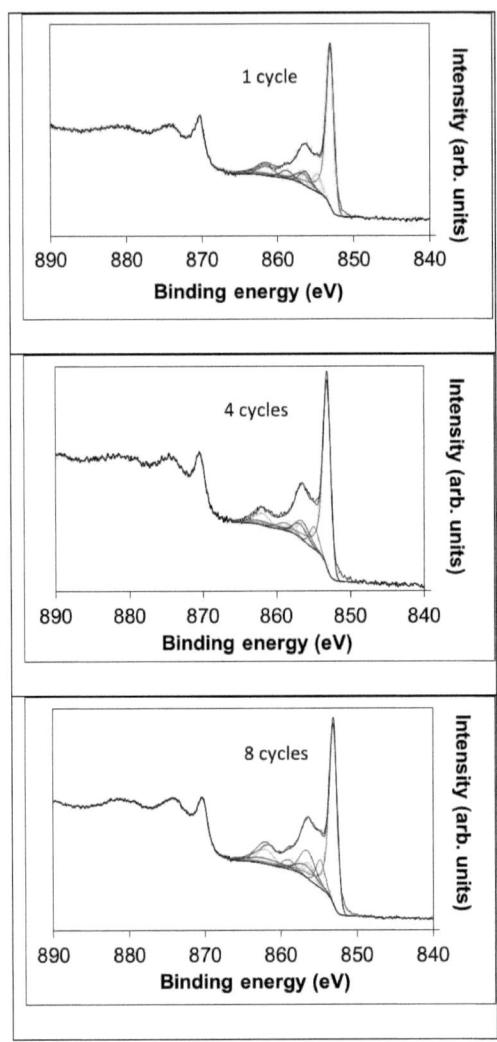

Figure 2: XPS Ni $2p_{3/2}$ core level peak decompositions of a Ni electrode immersed in a carbonate buffer saline solution (pH 6.4), in presence of 120 mM NaCl, for different numbers of cycles in the potential range: -0.3 V → 0.5 V → -0.3 V.

These series of results indicate that there is no significant increase in the NiO thickness as a function of the number of cycles in the potential range [-0.3 V → 0.5 V → -0.3 V]. The total oxide film thickness remains in the range of 1.4 ± 0.2 nm, in good agreement with data obtained for the passivation of Ni in acidic solutions [16, 17]. This passivation of the Ni surfaces, in these conditions, is also clear from the examination of the voltammograms: with the increasing number of cycles, the anodic plateau is no longer observed and the situation tends to a plateau of passivation, with a very low current density as a function of potential, in the potential range studied here.

Fig. 3 illustrates the XPS Ni 2p spectra of nickel when cyclic voltammetry is performed in the potential range [-0.3 V → 0.5 V →-1 V].

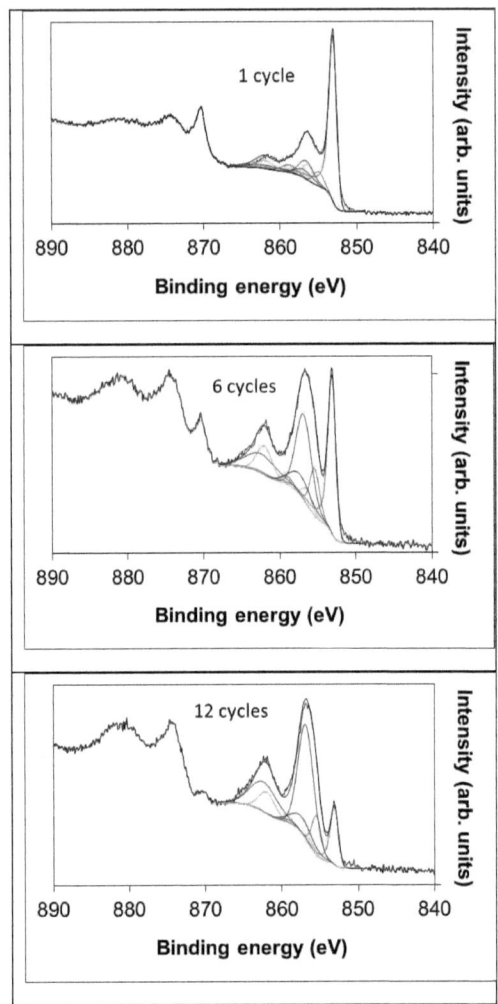

Figure 3: XPS Ni $2p_{3/2}$ core level peak decompositions of a Ni electrode immersed in a carbonate buffer saline solution (pH 6.4), in presence of 120 mM NaCl, for different numbers of cycles in the potential range of -0.3 V → 0.5 V → -1.0 V.

The evolution of the shape with the number of cycles is different from that obtained in the potential range [-0.3 V → 0.5 V →-0.3 V] (see Fig. 2). In particular, the decrease in the intensity of the peak located at 853 eV with increasing the number of cycles is more pronounced in the potential range [-0.3 V → 0.5 V →-1 V] than in the potential range [-0.3 V → 0.5 V → -0.3 V]. This peak is related to Ni metal signal, thus the large attenuation of the intensity of this peak shows that the global nickel oxide layer (NiO + Ni(OH)$_2$) is thickening upon cycling the potential in that window. From a quantitative point of view, Table 3 shows that the variations in equivalent thicknesses are more pronounced for the samples cycled in presence of chloride (1, 6 and 12 cycles), from 1.3 ± 0.2 nm (1 cycle), to 4.0 ± 0.2 nm (12 cycles), for the most oxidised sample. The equivalent thickness of the Ni(OH)$_2$ is significantly increasing between 1 and 6 cycles (from 0.8 ± 0.1 nm to 1.3± 0.1 nm) and does not change between 6 and 12 cycles, while the NiO equivalent layer gradually and significantly increases from 0.5 ± 0.1 nm (1 cycle) to about 2.6 ± 0.1 nm (12 cycles). While the equivalent thickness of Ni(OH)$_2$ is doubling, the NiO thickness is multiplied by about 5, thus illustrating, from a quantitative point of view, the re-activation step through the potential scan in the cathodic region. However, this re-activation step is not detected by the polarisation curves. Indeed, the partial reduction process of the passive film merges with the reduction of the electrolyte. So by comparison to the first series of results, the systematic reduction step induces significant chemical modification in the corrosion layer, that may not be detected in the polarisation curves, similarly to the ones obtained when cycling in the anodic region only.

For comparison, another series of samples were characterised by XPS, corresponding to the same potential range (-0.3 V to 0.5 V and return to -1.0 V), but without any chloride in solution. The Ni 2p core level spectra (data not shown) present similar general trend compared to the samples cycled in presence of chloride, as regards the total thickness of the oxide layer (Table 3). The only significant difference lays after 12 cycles, in the balance between the NiO and Ni(OH)$_2$ layer thicknesses, being then in favour of the surface hydroxide. These results are in satisfactory agreement with the electrochemical results.

From the comparison of these series of experiments, it can be pointed out that the corrosion layer is ageing by thickening, mainly by the growth of the internal NiO layer, without inducing detectable variations in the polarization curves as a function of cycle numbers, if one excludes the first cycle.

These results allowed us to conclude that, during the clinical tests, an increase in the thickness of the oxide film may take place at the surface of the nickel electrodes with the increasing number of attempts. However, since these *in vitro* experimental conditions are much more aggressive (accelerated ageing) than the clinical ones, where the contact between sweat and electrodes is mainly insured by the pores due to the appendageal ducts crossing the skin, then the obtained electrochemical results (Fig. 1(b)) let it is possible to consider that, during a large number of clinical tests, the electrodes tend to keep similar performances. Nevertheless, it is very difficult to estimate, at this stage, the lifetime of the electrodes.

3-2   Chemical characterization of the pits (potential range>0.5 V)

To assess the surface modifications of Ni materials, the surface modifications of Ni electrodes were also evaluated at the same NaCl concentration (120 mM) but after sweeping towards highly anodic potential of 1 V where pitting corrosion of nickel occurs. This situation may occur during real clinical tests when facing unusual conditions. Fig. 4 shows only the positive going direction of the cyclic voltammograms of the Ni electrode, that was obtained during sweeping in the potential range of: -0.3 → 1.0 V → -1.0 V.

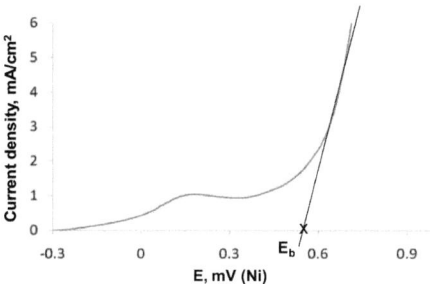

Figure 4: Cyclic voltammograms of Ni electrode, in a carbonate buffer saline solution (36 mM), at pH 6.4, in presence of NaCl (120 mM). Scan rate = 100 mV/s. (Only the forward scan is shown).

It clearly appears that at low anodic potentials (<0.5 V), the anodic oxidation process occurs, leading to the thickening of the corrosion film. At high anodic potentials, a large anodic current related to the local dissolution of Ni following the Cl$^-$ attack is observed [3]. Fig. 4 also shows the breakdown potential (E_b = 0,55 V) of the Ni anode.

A new series of one-voltammetric cycle experiments was also performed by changing the anodic potential to 1.0 V instead of 0.5 V, in a 120 mM NaCl buffer solution (and 36 mM NaCl for another experiment), and the sample surfaces were characterized by XPS. Fig. 5(a) presents an optical view of the pitted sample. XPS data of Table 3 reveal that the effect of changing the anodic potential on the total corrosion layer thickness was not very significant, but the NiO thickness obtained after treatment at 1.0 V has increased, compared to the case of an anodic potential of 0.5 V. The increase of the NiO layer equivalent thickness confirms the ageing by thickening of the corrosion layer, in our electrochemical conditions. The predominant role of the anodic potential on the oxide thickness is also confirmed by the XPS results obtained after treatment in a solution containing only 36 mM NaCl, since identical NiO thickness (≈1.5 nm) is obtained (Table 3). As it was the case at lower anodic potential, the intensity of the Cl 2p core level was only hardly detected (high signal to noise ratio, Fig.

5(b). Due to the lack of significant information about the surface chlorides from XPS measurements, additional surface analysis was performed by ToF-SIMS, the detection limit of which being much lower (about ppb to ppm, depending on the ion yield).

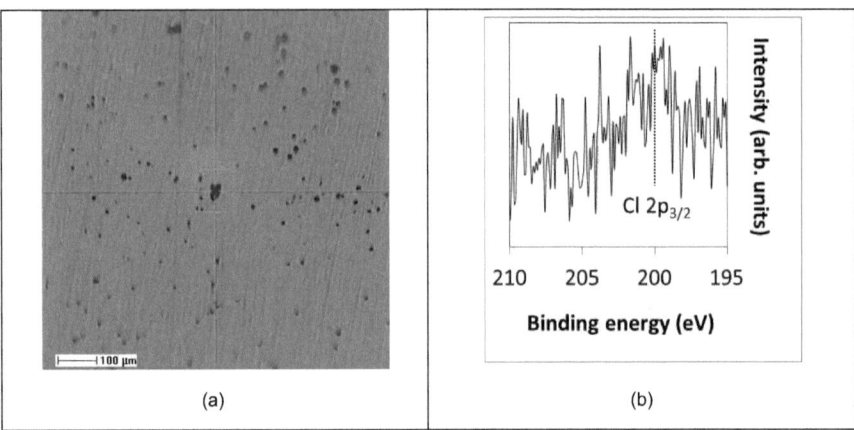

Figure 5: One-cycle experiment of a Ni electrode immersed in carbonate buffer saline solution (pH 6.4), in presence of 120 mM NaCl, in the potential range of -0.3 V → 1.0 V → -0.3 V, (a) optical image, (b) Cl 2p XPS core level peak region.

Table 3: NiO and Ni(OH)$_2$ layer thicknesses calculated from XPS Ni 2p$_{3/2}$ core level peak decompositions after cycling to anodic potentials (NaCl, carbonate buffer saline solution, pH 6.4).

Range of potentials (1 anodic cycle)	NiO equivalent thickness (nm)	Ni(OH)$_2$ equivalent thickness (nm)	Passive layer thickness (nm)
-0.3V → 0.5 V → -0.3 V 120 mM NaCl	0.5 ± 0.1	0.8 ± 0.1	1.3± 0.2
-0.3V → 1.0 V → -0.3 V 120 mM NaCl	0.9 ± 0.1	0.7 ± 0.1	1.6 ± 0.2
-0.3V → 1.0 V → -0.3 V 36 mM NaCl	0.9 ± 0.1	0.5 ± 0.1	1.4 ± 0.2

ToF-SIMS spectra were recorded on Ni electrodes, after immersion in CBS solution containing 120 mM NaCl, in the potential range of -0.3 V to 1.0 V and return to -0.3 V. In the negative ion mode, the two peaks of adsorbed chloride (at m/z 35 and m/z 37), presented large intensities, as shown on Fig. 6 (high lateral resolution analysis mode). ToF-SIMS being more sensitive than XPS, it is possible to identify chlorine on the entire sample surface. After intensity normalization (to an equivalent analyzed area), it is clear that a higher intensity signal of Cl⁻ is observed inside the pits. Though the technique is not quantitative, the matrix being the same one, the difference in signal intensity can be related here to a difference in chloride surface concentration, *i.e.* more chloride in the pit, as expected.

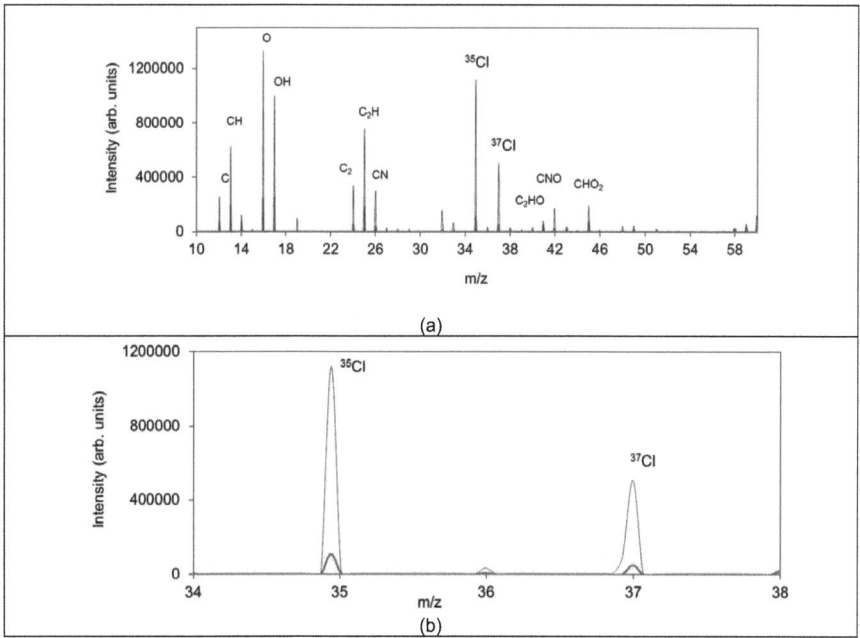

Figure 6: (a) ToF-SIMS spectra (negative ion mode) of a Ni sample immersed in carbonate buffer saline solution (pH 6.4), in presence of 120 mM NaCl, after sweeping the potential in the range: -0.3 V → 1.0 V → -0.3 V. (b) Peak intensity comparison, after normalisation to the same analysis area, inside (thin line, 40 x 40 μm² spot size) and outside a pit (bold line, 100 x 100 μm² spot size).

Based on the very good detection of the peaks of chlorine (in the negative ion mode), the elemental distribution in the immediate vicinity of a large surface defect was investigated by ToF-SIMS imaging, at high lateral resolution (see section 2). A selection of ToF-SIMS ion images (Cl$^-$ (m/z 35), NiO$^-$ (m/z 74), NiCl$_2^-$ (m/z 128) are displayed in Fig. 7, recorded for a large pit region on the same sample as in Fig. 6. The bright zones (resp. dark zones) indicate higher signal intensity (resp. lower signal intensity). It was possible to detect a distinct Cl$^-$ enrichment (Fig. 7(b)): the Cl$^-$ ion distribution presents a round modified area very characteristic of the localized breakdown of the passive layer. Local prevalence of chlorid on the surface nickel-containing alloys has already been illustrated by ToF-SIMS images following the breakdown of passive films, without indication of a surface compound [20,21]. The NiCl$^-$ (not shown) and NiCl$_2^-$ ions have also been used here to generate ToF-SIMS images: due to their weak intensity, the signal to noise ratios were much lower, however the more intense area fits the Cl$^-$ enriched one. The hypothesis of the local formation of NiCl$_2$ is thus reasonable, already presented elsewhere [22], where it was suggested that NiCl$_2$ acted as an injector of Cl into the oxide, in the local anionic ToF-SIMS maps of pits contribute to illustrate, as preliminary results, the surface chemical ageing of Ni by pitting corrosion, in our experimental conditions.

The ToF-SIMS has nicely completed the XPS information as regards the Ni electrode ageing by allowing the identification of localised corrosion layer breakdowns, in this potential range. Besides the general corrosion of the Ni samples in the first part of this work, it is possible to chemically illustrate here on the localized detrimental effect of potential on Ni, in synthetic sweat.

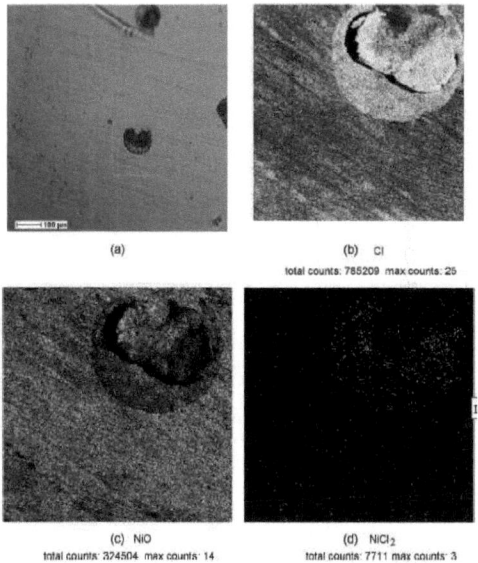

Figure 7: Large pit formed on a Ni sample immersed in carbonate buffer saline solution (pH 6.4), in presence of 120 mM NaCl, after sweeping the potential in the range: -0.3 V → 1.0 V → -0.3 V : (a) SEM image, (b) ToF-SIMS secondary ion images (negative ion mode, high lateral resolution, field of view 200 x 200 μm^2) of Cl (b), NiO (c) and total ion (d). The green box in (a) indicates the region where ToF-SIMS imaging were perfoemed. (For interpretation of the references to color in this figure legend, the reader is referred to the web version of the article)

4. Conclusion

The surface ageing of skin nickel electrodes was studied in the frame of development of non-invasive biomedical devices. We performed electrochemical measurements (polarization curves and cyclic voltammetry) coupled to surface chemical characterizations (XPS, ToF-SIMS) on pure Ni samples immersed in buffered chloride solutions modeling human sweat. In a restricted anodic potential range (-0.3 V to 0.5 V and return to -0.3 V), XPS results indicate that the surface was passivated by a 1 nm-thick duplex layer composed by nickel hydroxide (outermost layers) and nickel oxide (inner layers). In a negative extended potential range (-0.3 to 0.5 V and return to -1 V), though the electrochemical behavior of electrodes is not changing, the inner nickel oxide layer was thickening, indicating a surface degradation of the nickel electrode in these conditions. Below pitting potentials, surface chloride was hardly detected by XPS, and the surface composition of the nickel samples was similar after treatments in chloride or chloride-free buffered solutions. In a larger potential range (-0.3 V to 1 V and return to -1 V) enabling to reach anodic potentials higher than the breakdown potentials, localized dissolution of nickel was observed. The highly chemically sensitive ToF-SIMS surface characterization (spectroscopic and imaging modes) pointed that the surface concentration of adsorbed chloride was higher in pits than elsewhere on the surface sample.

The combination of electrochemical measurements and surface characterizations gave fruitful complementary results on the surface behavior of nickel electrodes, polarized in corrosive conditions. These systematic observations, in different potential ranges, show that alternating the polarity of electrodes ensures the reproducibility of measurements for a large number of clinical tests and explain why, during the routine use of such biomedical set-ups, the metal/sweat interaction may reduce the lifetime of the anodic and/or cathodic electrodes.

Acknowledgments

Financial support by Région-Ile-De-France (SEASAME program) is acknowledged

A.G. wishes to acknowmedge Antoine Seyeux for his help and for fruitful discussions

References

[1] G. Lauria, R. Lombardi, British Medical Journal 334 (2007) 1159

[2] *See for example* P. Brunswick, N. Bocquet, Electrophysiological system of analysis, Patent number: France 0753461 and PCT EP2008/052211, deposited by the Impeto Medical Company.

[3] H. Ayoub, S. Griveau, V. Lair, P. Brunswick, M. Cassir, F. Bedioui, Electroanalysis, 22, (2010) 2483

[4] H. Ayoub, V. Lair, S. Griveau, P. Brunswick, F. Bedioui, M. Cassir, Sensor Letters journal (in press).

[5] K. Khalfallah, H. Ayoub, J. H. Calvet, X. Neveu, P. Brunswick, S. Griveau, V. Lair, M. Cassir, F. Bedioui, IEEE sensors Journal, DOI : 10.1109/JSEN.2010.2103308.

[6] S.Doniach, M.Sunjic, J.Phys.C: Solid State Phys. 3(1970) 285.

[7] R.Nishimura, Corrosion, NACE 43 (1987) 486.

[8] M.Okuyama, S.Haruyama, Corros.Sci. 14 (1974) 1.

[9] T.P.Hoar, Corros.Sci 7 (1967) 341.

[10] L.D.Burke, D.P.Whelan, J.Electroanal.Chem. 109 (1980) 385.

[11] B.MacDougall, M.Cohen, Electrochem.Acta 23 (1978) 145.

[12] L.D.Burke, T.A.M.Twomay, J.Electroanal.Chem. 162 (1984) 101.

[13] E.Laksono, A.Galtayries, C.Argile, P.Marcus, Surf.Sci.530 (2003) 37.

[14] B.P.Payne, A.P.Grosvenor, M.C.Biesinger, B.A.Kobe, N.S.McIntyre, Surf.Interface Anal. 39 (2007) 582.

[15] M.C.Biesinger, B.P.Bayne, L.W.M.Lau, A.Gerson, R.C.St.Smart, Surf.Interface Anal.41 (2009) 324.

[16] P.Marcus, J.-M Herbelin, Corros.Sci. 34 (1993) 1123.

[17] P.Marcus, J.Oudar, I.Olefjord, J.Microsc.Spectr.Electron. 4 (1979) 63.

[18] W.-J.Cheong, B.L.Luan, N.S.McIntyre, D.W.Shoesmith, Surf.Interface Anal. 39 (2007) 405.

[19] A.Machet, A.Galtayries, S.Zanna, L.Klein, V.Maurice, P.Jolivet, M.Foucault, P.Combrade, P.Scott, P.Marcus, Electrochim.Acta 49 (2004) 3957.

[20] A.Rossi, B.Elsener, G.Hahner, M.Textor, N.D.Spencer, Surf.Interface Anal. 29 (2000) 460.

[21] J.T.Francis, N.S.McIntyre, R.D.Davidson, S.Ramamurthy, A.M.Brennenstuhl, A.McBride, A.Roberts, Surf.Interface Anal 33 (2002) 29.

[22] H.Asteman, M.Spiegel, Corros.Sci; 49 (2007) 3626.

Chapitre 4

Analyse de la cinétique des réactions électrochimiques liées à la dissolution localisée du nickel dans des milieux reproduisant les conditions de salinité et d'acidité de la sueur

Chapitre 4 : Analyse de la cinétique des réactions électrochimiques liées à la dissolution localisée du nickel dans des milieux reproduisant les conditions de salinité et d'acidité de la sueur

Les résultats rapportés et discutés dans les chapitres précédents montrent clairement que la variation de la concentration des chlorures dans la sueur est un paramètre clé dans l'analyse du dysfonctionnement sudomoteur, permettant la détection du risque de diabète et du pré-diabète. L'influence de la variation de la concentration de chlorure s'est manifestée, d'après les courbes de polarisation, notamment, par une évolution du potentiel de piqûration (E_b), liée à la destruction de la couche d'oxyde menant à une dissolution localisée du nickel. Ceci nous a conduit à étudier la cinétique des différentes réactions électrochimiques se produisant à la surface des électrodes de nickel, notamment les réactions électrochimiques liées à la dissolution localisée du nickel dans des solutions tampons carbonates (CBS) de différents pH physiologiques et en présence de différentes concentrations de chlorures (en respectant la gamme de concentration de chlorures trouvée dans la sueur).

Cette étude nous a permis de proposer deux mécanismes distincts pour la dissolution localisée du nickel à différentes valeurs du pH. Elle a également permis à la société « Impeto Médical » de compléter un modèle théorique des signaux électriques obtenus lors des mesures cliniques. Ce nouveau modèle théorique semble mieux corréler les signaux électriques obtenus durant les tests cliniques.

La description détaillée de la méthode utilisée pour analyser la cinétique des différentes réactions électrochimiques, les principaux paramètres cinétiques obtenus et les différents mécanismes proposés sont présentés ci-dessous sous la forme d'un article publié dans le journal « Electroanalysis ». Cet article est intitulé "Electrochemical kinetics of anodic Ni dissolution in aqueous media as a function of chloride ion concentration at pH values close to physiological conditions". Ce travail a été réalisé en collaboration avec l'équipe du Pr. J.Zagal de l'université de Santiago au Chili.

Electrochemical kinetics of anodic Ni dissolution in aqueous media as a function of chloride ion concentration at pH values close to physiological conditions

Hanna AYOUB[1,2], Virginie LAIR[1], Sophie GRIVEAU[2], Philippe Brunswick[4], José H. ZAGAL[3*], Fethi BEDIOUI[2*], Michel CASSIR[1*]

1. LECIME CNRS UMR 7575, Chimie ParisTech, 11 rue Pierre et Marie Curie, 75213 Paris cedex 05, France.

2. UPCGI CNRS 8151 / INSERM U 1022, Université Paris Descartes, Chimie ParisTech, 11 rue Pierre et Marie Curie, 75231 Paris cedex 05, France.

3. Departamento de Química de los Materiales, Facultad de Química y Biología, Universidad de Santiago de Chile, Casilla 40, Correo 33, Santiago 9170022, Chile

4. IMPETO Medical, 17 rue campagne Première, 75014 Paris, France.

Abstract

We have studied the electrochemical kinetics of anodic Ni dissolution as a function of chloride ion concentration, at pH 5, 6 and 7, in order to mimic the conditions of sweat samples. Our results show that the rate-determining step for Ni dissolution in the mentioned pH range is the transfer of one first electron, as suggested by the Tafel slopes close to 0.120 V/decade. However, the reaction order in chloride ion varies from *ca.* 2 at pH 7 to values close to unity for pH values between 5 and 6. This finding is very important for sensor applications in sweat fluids since the sensitivity of the Ni electrode to chloride ions is higher in neutral solutions (pH ca. 7) compared to that in slightly acid solutions (pH between 5 and 6). Small variations in pH in real samples are expected so this change in sensitivity should be considered when sensing chloride ions in sweat fluids.

Keywords: Nickel, electrochemical kinetics, sensor, chloride ions

1. Introduction

Diabetes is now becoming a major disease in industrial and also in developing countries due to a change in eating habits and also to lower physical activity. The early diagnostic of diabetes is critical to stop its progress so that medical technologies able to make this precocious detection are desired. Ni electrodes are employed in the monitoring of chloride ions in sweat samples of people suffering from sudomotor dysfunction which is known to reflect sympathetic activity and to provide insight into postganglionic autonomous innervation. This analysis represents a useful tool to evaluate autonomic disorders and especially diabetes. Indeed, the sympathetic innervations of eccrine sweat glands are gradually reduced at an early stage of the evolution of diabetes which is known as one of the major causes of damage of the peripheral nervous system and notably its small nerve fibers [1,2]. This leads to an alteration of autonomous control of sweat glands and causes a durable shift in the ionic balance (Cl^-, HCO_3^-...) and pH value of sweat conducts. A non-invasive technology, so-called SUDOSCAN^{TM}, has been recently developed by Impeto Medical [3] for sudomotor function assessment using reverse iontophoresis and electrochemical reactions of nickel electrodes in contact with sweat. This provides an alternative to measuring levels of blood glucose for screening of diabetes and pre-diabetes. This technology uses 6 independent nickel electrodes placed on skin regions which have a high density of sweat glands (the palms of the hands, soles of the feet and forehead). During a 3 minutes test, 6 combinations of 15 different low direct current (DC) incremental voltage ≤ 4 Volts are applied on the anode of two selected active electrodes (the anode and the cathode), whilst the four other passive electrodes allow retrieval of the body potential. The score representative of the individual risk of diabetes or pre-diabetes is then elaborated through an algorithm that mainly uses the current-voltage response.

The dissolution of Ni in the presence of chloride ions has been studied by many authors, mainly in acid media [4-9] including studies using quartz crystal microbalance and electrochemical impedance spectroscopy [5,6]. In previous studies [10], we have shown that in carbonate buffer solution and in presence or not of NaCl, at low anodic potentials, an oxide film composed of an inner NiO layer and an outer $Ni(OH)_2$ layer, is most probably formed at the electrode surface in neutral solutions. At higher anodic potentials and in the presence of Cl^- (within the expected range of concentrations in sweat at rest), the passive film becomes weaker leading to its breakdown [10]. We have also shown that the variation of chloride ion concentration plays a key role in predicting sudomotor dysfunction by controlling the generated current at high anodic potentials [10-12]. The objective of this work is to study the kinetics of the different electrochemical reactions occurring on the surface of nickel electrodes, mainly the electrochemical reactions related to the localized dissolution of nickel in carbonate buffer solutions (CBS) at different physiological pH values and in presence of different concentrations of chloride ions, within the expected range of concentrations in sweat at rest. This study also aims at studying the mechanisms of the electrochemical reactions. All the electrochemical measurements were carried out in a three-electrode set-up combining a Ni plate as counter electrode in order to mimic the 2 active-electrodes configuration (Ni plates are used as anode and cathode) of the clinical device.

2. *Experimental conditions*

Electrochemical experiments were carried out with a conventional three electrode set-up and a Princeton Applied Research Inc. potentiostat/galvanostat Model 263 A. Nickel plates (from Goodfellow, UK), exposing a geometric area of 0.2826 cm^2 to the solution, were used as working electrodes. A saturated calomel electrode (SCE) was used as a reference electrode and Ni plate was used as auxiliary electrode. Before each measurement, the working and the auxiliary electrodes were polished successively with a 1200, 2400 and 4000 grit SiC paper, followed by ultrasonic rinsing in ultra pure water for 5 minutes and, finally, a cathodic treatment by sweeping 5 cycles between -0.6 and -1.4 V/SCE. All the aqueous solutions were prepared using ultra pure water provided by a Millipore filtration set up (18.2 MΩ cm). The carbonate buffer solutions (CBS) were prepared from $NaHCO_3$ (Merck, purity ≥ 99.5 %) and the pH was set, as a first step, with few drops of concentrated sulfuric acid, then during the measurements, with a mixture of carbon dioxide and air at different ratios. Indeed, $[H_2CO_3]/[HCO_3^-]$ has to be maintained constant during the measurements by monitoring CO_2 partial pressure. The solutions containing chloride ions were prepared using NaCl (Sigma Aldrich, purity ≥ 99.5%).

3. Results and discussion

Figure 1a shows the positive potential going direction of the cyclic voltammograms (potential scan starts at - 0.3 V *vs* SCE) recorded on Ni in CBS (36 mM, pH 7) in presence of different concentrations of chloride ions (30, 60, 90 and 120mM). In all cases, a nickel oxidation process occurs at low anodic potentials (centered at ≈ 0.15 V_{SCE}) leading to the formation of an oxide film composed probably by an inner NiO layer and an outer $Ni(OH)_2$ layer [10]. At higher anodic potentials (centered at ≈ 0.5 V_{SCE}), Cl^- attack leads to the breakdown of the oxide film and then causes a local dissolution of Ni [10-13]. It can be noticed also that the breakdown potential E_b shifts towards more negative potentials when increasing the chloride ion concentration. This is due to an increase in the concentration ratios $[Cl^-]/[OH^-]$ or $[Cl^-]/[HCO_3^-]$ that favors the a dsorption of Cl^- and weakens the passive layer, leading to its breakdown at lower potential values [10].

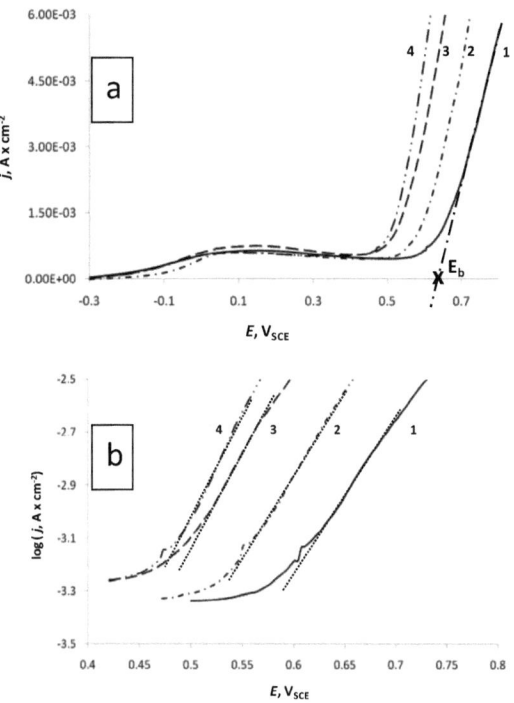

Figure 1: (a) Cyclic voltammograms of Ni electrode in aerated CBS (36 mM, pH 7) in presence of NaCl (curve 1: 30 mM; curve 2: 60 mM; curve 3: 90 mM and curve 4: 120 mM). Only the forward scans are shown. Scan rate = 100 mV/s. (b) Tafel plot ($\log j$ vs E) in the region of Ni localized dissolution. Data from figure 1a.

The Tafel plot ($\log j$ vs E) of the obtained anodic polarization curves (figure 1a), in the region of Ni localized dissolution, is shown in figure 1b. The slopes of the linear plots (Fig. 1b), obtained at different concentrations of Cl⁻, are quite similar within a range of values around 0.13 ± 0.01 V/decade; a slight increase in the slope value is observed when decreasing the Cl⁻ concentration. This can be probably due to a slight resistance contribution. The slope values obtained are close to the typical Tafel slope of 0.118 V/decade for an electrochemical process where the transfer of a first-one electron is rate-determining, with a symmetrical energy barrier.

Nguyen and Foley [14] have proposed a mechanism for the breakdown of metal passivity by aggressive anions (as chloride) in several steps: i) preferential competitive adsorption of aggressive anions over species as H_2O or OH^-; ii) halide anions penetrate the oxide layer possibly through cracks (flaws) and bind to metal sites; iii) halide ions diffuse through the metal oxide lattice and bind to metal sites; iv) aggressive anions adsorb on the oxide film and peptize it. According to this model, the following mechanism has been proposed [15,16]:

1) $Ni + X^- \leftrightarrows Ni(X^-)_{ads}$

2) $Ni(X^-)_{ads} \leftrightarrows NiX + e^-$

3) $NiX + OH^- \rightarrow Ni(X)(OH)aq + e^-$

or

4) $NiX + X^- \rightarrow NiX_{2(aq)} + e^-$

Where $X^- = F^-$, Br^- or Cl^-.

Although a series of complex processes may occur during the localized dissolution of Ni, such as diffusion of soluble species through the pores and precipitation of insoluble phases, the mechanism described above will be adopted because it is a simple and general one that can be exploited to determine kinetic parameters. Moreover, very few studies provide a deeper insight on the specific mechanism occurring during the localized dissolution of Ni.

The reaction order, "σ", with respect to chloride ions is $\delta \log j / \delta \log(a_{Cl^-})$ at a constant potential E, can be determined from the plot of $\log(j)$ versus $\log(a_{Cl^-})$. In fact, the rate of the determining step is given by:

$V = k [a_{Cl^-}]^\sigma = I/nFA \implies j = nFk[a_{Cl^-}]^\sigma$ (Equation 1)

or

$\log(j) = \log(nFk) + \sigma\log([a_{Cl^-}])$ (Equation 2)

Where k is the constant of the rate-determining step, n is the total number of the transferred electrons ($n=2$), F is the Faraday constant, A is the surface area of the electrode and σ is the number of chloride ions involved before or at the rate determining step.

Figure 2a. shows a plot of $\log(j)$ versus $\log(a_{Cl^-})$. The activity coefficient was calculated according to the following equations [16]:

$-\log\gamma_i = 0.502\, z_i^2 \left(\frac{\sqrt{I}}{1+\sqrt{I}} - 0.30\, I\right)$ (Equation 3)

With

$I = \frac{1}{2}\sum z_i^2\, C_i$ (Equation 4)

where: I: the ionic strength

z_i: charge of the ionic species i

C_i: concentration of ionic species i

The values of $\log(j)$ were obtained from extrapolation of the linear Tafel regions of the anodic polarization curves obtained at different chloride ions concentration. The slopes σ of the straight lines in figure 2a, obtained at different constant potentials, have values of 1.85 ±0.10. It is important to point out that σ tends to increase slightly with increasing the anodic potential. This is due probably to an increasing number of adsorbed chloride ions at the surface of Ni electrode when increasing the anodic potential and, thus, an increase in the number of chloride ions involved.

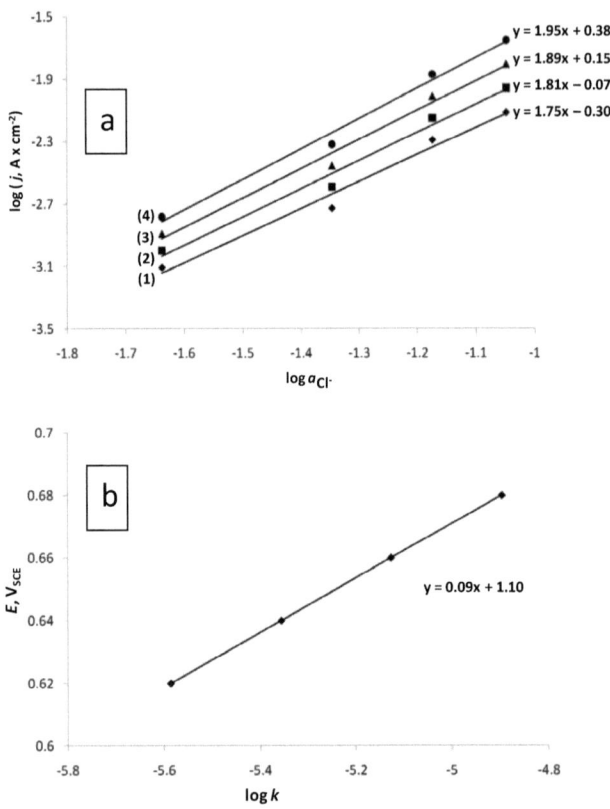

Figure 2: (a) Plot of log j as a function of log a_{Cl^-} at different potentials (curve 1: 0.62 V; curve 2: 0.64 V; curve 3: 0.66 V; curve 4: 0.68 V). Data obtained from the extrapolated linear Tafel regions of figure 1b. (b) log k vs E (data from Fig. 2a).

The value of the Tafel slope can be also obtained by measuring the variation of log k as a function of the applied anodic potentials. The rate constants were estimated from $k = j/2F[a_{Cl^-}]^2$ at different potential values (not shown). The Tafel slope obtained from Fig. 2b gives a value of 0.09 V/decade, which is also close to the classical Tafel slope of 0.118V/decade.

When taking into consideration the previously proposed mechanism [14-16] for nickel breakdown in solutions containing halide ions and with the obtained kinetic parameters, the following mechanism can be proposed for the nickel localized dissolution at pH = 7:

1) $Ni + 2Cl^- \leftrightarrows [NiCl_2]^{2-}_{ads}$

2) $[NiCl_2]^{2-}_{ads} \leftrightarrows [NiCl_2]^- + e^-$ $\quad\quad rds$

3) $[NiCl_2]^- \rightarrow NiCl_{2(aq)} + e^-$

or

4) $[NiCl_2]^- + OH^- \rightarrow Ni(Cl^-)(OH)_{(aq)} + Cl^- + e^-$

Processes taking place after the rate-determining step are only speculative as they cannot be deduced from the kinetic parameters.

We have also studied the electrochemical behavior of Ni electrode in CBS (36 mM) at lower pH, *i.e.* pH 5 and 6, and in presence of different concentrations of chloride ions (30, 60, 90 and 120 mM) in order to define the kinetic parameters of the localized dissolution of nickel in slightly acid solutions within the expected limits in sweat at rest. As observed from measurements at pH 7, in the region of Ni localized dissolution, the anodic polarization curves obtained at pH 5 and 6 (data not shown), using Tafel plot ($\log j$ vs E), display a typical Tafel behavior and the slopes of the linear plots are within a range of values around 0.14 ± 0.01 V/decade. Again, the range of values is also not far from the theoretical Tafel slope of 0.118 V/decade for a process where the transfer of a first electron is rate-determining, with a symmetrical energy barrier.

The Tafel slope found is similar to that determined for the anodic dissolution of Ni in acid media containing chloride ions [9].

The reaction order in chloride ions for Ni dissolution was also studied. As seen in figures 3a and b, the slopes σ of the straight lines, obtained at different constant potentials, give values of 1.04±0.06 at pH 6 and 0.85 ±0.06 at pH 5. In contrast to what is observed at pH 7, the reaction order in chloride ions is now close to one, which suggests that only one chloride ion is involved before or at the rate-determining step. An order in chloride ions equal to one has also been found in acid media (pH ca. 1) [9]. These results can be put in parallel with the results obtained in different studies on the pH influence on the electrochemical behavior of nickel electrode. An increase in the resistance of the passive film was found with increasing the pH value [15,18]. Indeed, the obtained kinetic data show that more chloride ions are involved in promoting nickel dissolution, when increasing the pH, which is surprising since at higher pH the activity of competing OH⁻ ions is higher and they also bind to Ni sites.

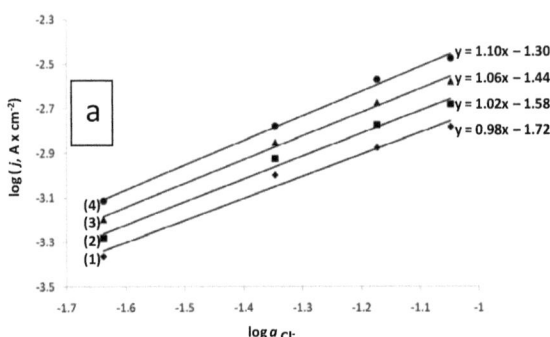

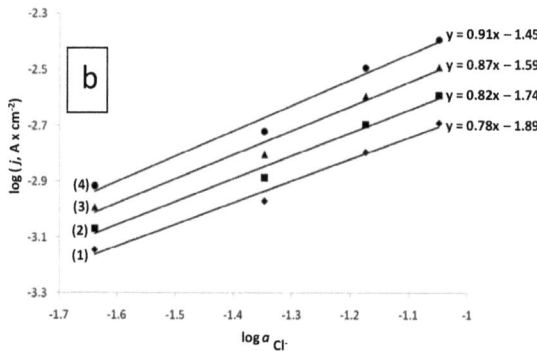

Figure 3: Evolution of log *j* as a function of log a_{Cl^-} at different potential (curve 1: 0.48 V; curve 2: 0.50 V; curve 3: 0.52 V; curve 4: 0.54 V). Data obtained from the extrapolated linear Tafel regions (in the zone of Ni localized dissolution) of; log *j* vs *E* recorded on Ni electrode in aerated CBS (36 mM) at pH 6 and 5 and in presence of different concentrations of NaCl (a) at pH 6 and (b) at pH 5.

In slightly acid solutions (pH 5 and 6, within the expected limit of sweat), the obtained kinetic data prove that the mechanism of nickel localized dissolution is different from that in neutral solution, very sensitive indeed to a small change in pH, notably the number of chloride ions involved before or at the rate-determining.

The following mechanism for nickel dissolution in the pH range pH = 5-6 is proposed:

1) $Ni + Cl^- (aq) \leftrightarrows Ni(Cl^-)_{ads}$

2) $Ni(Cl^-)_{ads} \leftrightarrows Ni(I)Cl + e^-$ $\quad\quad\quad$ rds

This mechanism suggests that, again, the first electron-transfer step is the rate-determining and only one chloride ion is involved.

4. Conclusion

We have found for Ni dissolution in the pH range 5-7 that the rate-determining step appears to be the transfer of a first one-electron, as suggested by the Tafel slopes close to 0.120 V/decade. This is in agreement with the results found by other authors in acid media [9]. However, the reaction order in chloride ions changes from around 2, for pH 7, to around 1, for pH values between 6 and 5 without a change in the rate-determining step. This finding is very important for sensor applications in sweat fluids since the sensitivity of the Ni electrode to chloride ions is higher in neutral solutions (pH ca. 7) compared to that in slightly acid solutions (pH between 5 and 6). The higher order in chloride ions at pH=7 is surprising, since at lower pH the activity of OH ions is higher and they compete with chloride for binding to Ni sites. Concerning sensor applications, small variations in pH in real samples are expected, so this change in sensitivity could add not insignificant errors in chloride determination.

5. References :

[1] V. Poitout, R.P. Robertson *Endocrinology* **2002**, 143, 339

[2] G. Lauria, R. Lombardi *British Medical Journal* **2007**,334, 1159

[3] P. Brunswick, N. Bocquet, *Patent number: France 0753461 and PCT EP2008/052211*

[4] J Gregori, J. Garcia-Jareño, F. Vicente *Electrochim. Acta* **2007**, 52, 4062

[5] J Gregori, J. Garcia-Jareño, D. Jimenez-Romero, A.Roig, F. Vicente *J. Electrochem. Soc.* **2007**, 154, C371

[6] J. Gregori, D. Gimenez-Romero, J. J. Garcia-Jareño, F. Vicente *J. Solid State Electrochem.* **2005**, 10, 920

[7] A. M. Bengali, K. Nobe, *J. Electrochem. Soc.*, **1975**, 122, C244

[8] A. M. Bengali, K. Nobe J. *Electrochem. Soc.*, **1979**, 126, 1118

[9] E.E.Abd El Aal, W.Zakria, A. Diab, S.M. Abd El Haleem, *J.Mat.Eng.Perf,* **2003**, 12, 172

[10] H. Ayoub, S. Griveau, V. Lair, P. Brunswick, M. Cassir, F. Bedioui *Electroanalysis* **2010**, 22, 2483

[11] K. Khalfallah, H. Ayoub, J-H. Calvet, X. Neveu, P. Brunswick, S. Griveau, V. Lair, M. Cassir, F. Bedioui *IEEE Sensors Journal* **2011**. DOI : 10.1109/JSEN.2010.2103308

[12] H. Ayoub, V. Lair, S. Griveau, P. Brunswick, F. Bedioui, M. Cassir *Sensor Letters Journal*. (in press)

[13] H. Ayoub, V. Lair, S. Griveau, A. Galtayries, P. Brunswick, F. Bedioui, M. Cassir, *Applied Surface Science* **(2011)** 10.1016/j.apsusc.2011.10.123

[14] T.H. Nguyen, R.T. Foley *J. Electrochem. Soc.* **1979**, 126, 1855

[15] E.E. Abd El Aal *Corrosion Science* **2003**, 45, 759

[16] Y.A. El Tantawy, F.M. El Kharafi *Electrochim. Acta* **1982**, 27, 691

[17] C. Davies *Ion association, Butterworth, London* **1962**

[18] S.A.M. Refaey, F. Taha, T.H.A. Hasanin *Electrochim. Acta* **2006**, 51, 2942

Chapitre 5

Comportement électrochimique de l'acier inox 304L dans des solutions mimant la composition de la sueur

Chapitre 5 : Comportement électrochimique de l'acier inox 304L dans des solutions mimant la composition de la sueur

Ce chapitre se présente sous la forme d'un article publié dans le journal « Electroanalysis ». Cet article est intitulé "Electrochemical characterization of stainless steel as a new electrode material in a medical device for the diagnosis of sudomotor dysfunction". Dans cette partie de notre étude, nous avons étudié le comportement électrochimique de l'acier inox 304L dans des solutions tampons carbonates (CBS) mimant la composition de la sueur. Nous avons étudié plus particulièrement la sensibilité de l'acier inox 304L à la variation des composants principaux de la sueur, notamment la concentration de chlorures, urée et lactate.

En fait, le nickel a été initialement choisi comme matériau pour les électrodes à cause de sa sensibilité élevée à la modification du bilan ionique dans la sueur et notamment la variation de la concentration en ions chlorure. Ceci a été confirmé à travers plusieurs études qui ont été rapportées et discutées dans les chapitres précédents. Cependant, le contact du nickel avec la peau peut entraîner d'éventuelles réactions allergiques chez certains patients. Ceci nous a conduit à étudier la possibilité de remplacer le nickel par un autre matériau. Pour cela, les études électrochimiques ont été étendues à l'analyse de l'acier inox 304L comme matériau de remplacement possible. L'acier inox 304L a été sélectionné à cause de sa nature non-allergique, déjà utilisé dans les instruments chirurgicaux, par exemple. Ce travail vise à évaluer la pertinence de l'acier inox 304L à l'application médicale. Toutes les mesures électrochimiques ont été réalisées à l'aide d'un montage à 3 électrodes avec une électrode auxiliaire en acier inox 304L afin de mimer la configuration des 2 électrodes actives dans l'appareil médical (l'anode et la cathode sont de même nature). Il est à noter que, dans cette étude, nous avons également analysé le comportement électrochimique de l'acier inox 304L dans des différentes gammes de potentiel afin de définir les conditions expérimentales permettant d'obtenir la sensibilité et la reproductibilité des mesures

Electrochemical characterization of stainless steel as a new electrode material in a medical device for the diagnosis of sudomotor dysfunction

Hanna AYOUB[1,2], Virginie LAIR[1], Sophie GRIVEAU[2], Philippe BRUNSWICK[3],

Fethi BEDIOUI[2*], Michel CASSIR[1*]

1. LECIME CNRS UMR 7575, Chimie ParisTech, 11 rue Pierre et Marie Curie, 75213 Paris cedex 05, France.

2. UPCGI CNRS 8151 / INSERM U 1022, Université Paris Descartes, Chimie ParisTech, 11 rue Pierre et Marie Curie, 75231 Paris cedex 05, France.

3. IMPETO Medical, 17 rue campagne Première, 75014 Paris, France.

Abstract :

An electrochemical sensor, developed to assess sudomotor dysfunctions, allows detecting the risk of diabetes and pre-diabetes. In this clinical testing, low voltage potentials are applied to nickel electrodes, placed on skin regions with a high density of sweat glands, and the electrical responses are measured. This provides a very efficient way to detect the deviation in the ionic balance in sweat conducts. Although the contact of nickel with skin is of about 2 minutes, the risk of allergical reactions cannot be discarded. In view of improving this sensor, a new electrode material, stainless steel 304L, with lower Ni content, was tested in carbonate buffer solutions in presence of chloride, lactate and urea in order to investigate the sensitivity of this material to the variation of different parameters in sweat. The results obtained tend to prove that stainless steel 304L is a suitable material for the clinical assessment of sudomotor dysfunction observed in early diabetes stages due to its high capacity to detect the deviation in the ionic balance and notably the deviation in Cl^- concentration.

Keywords: stainless steel 304L, cyclic voltammetry, sudomotor dysfunctions, diabetes

1. *Introduction :*

Diabetes is one of the major causes of nerve damage. Metabolic impairment in diabetic patients and the related inflammatory processes primarily affect the unmyelinated axons of small fiber nerves [1]. This is known as Diabetic Autonomic Neuropathy (DAN), a subtype of peripheral neuropathies [2]. Sudomotor function is known to reflect sympathetic activity. Thus, the study of this sudomotor function can provide insight into postganglionic autonomous innervations and represents a useful tool to evaluate autonomic disorders. In fact, the sympathetic innervations of eccrine sweat glands are gradually reduced at an early stage of the evolution of diabetes. The alteration of autonomous control of sweat glands causes a durable shift in the ionic balance (Cl^-, HCO_3^-, urea and lactate…) and the pH value of sweat conducts.

A recently reported non-invasive technology, so-called SUDOSCAN^{TM}, is developed by Impeto Medical [3], using reverse iontophoresis for sudomotor function assessment. This technology provides an attractive alternative tool for measuring glucose levels in blood for screening of diabetes and pre-diabetes. It is based on the use of six large area nickel electrodes placed on skin region with a high density of sweat glands (on the palms of the hands, soles of the feet and forehead). The electrodes are used alternatively as an anode or cathode, which do not undergo any specific pretreatment before each measurement. A direct current (DC) incremental voltage ≤ 4 Volts is applied on the anode of two selected active electrodes (the anode and the cathode), whilst the four other passive electrodes allow retrieval of the body potential. During a rapid test (2 minutes), 6 combinations of 15 different low DC voltages are applied. The score representative of the individual risk of diabetes is then developed through an algorithm that mainly uses the current-voltage response of the skin and a theoretical model of the electrical properties of human skin. The electrode material, nickel, was chosen because of its high sensitivity to the deviation in the ionic balance and pH of sweat conducts. This was also confirmed through previous electrochemical studies [4-6].

However, skin contact with nickel may result in possible allergic reactions for some patients. This led us to study the replacement of nickel electrodes by another material. We selected stainless steel 304L (SS 304L) as a potential substitute material, already used in surgical instruments for example and cheaper than nickel. We thus studied the electrochemical behavior of SS 304L and, more particularly, its sensitivity to the variation of different parameters in sweat. This work is aimed at understanding the adequacy of stainless steel 304L to the clinical testing application.

Several studies have been conducted to assess the electrochemical behavior of stainless steel in neutral or slightly acid and alkaline solutions [7-17], but very few studies have been devoted to the specific assessment of its behavior in physiological or biomimetic solutions [18-20]. Furthermore, there are no published studies related to deeper insight on the effect of some sweat parameters (as urea and lactate) on the electrochemical behavior of stainless steel. Thus, the present work is aimed at implementing the electrochemical studies of stainless steel 304 L with additional analysis in synthetic buffer carbonate solutions (CBS), in which the pH and the concentrations of chloride, lactate and urea were modified in order to mimic the behavior of the electrodes in contact with sweat. The electrochemical measurements were performed in a three-electrode set up combining a stainless steel 304 L counter electrode in order to mimic the 2 active electrodes configuration (the same material is used for the anode and the cathode) of the SUDOSCAN^{TM} device. In the present work, we have also studied the stainless steel 304L behavior in different potential windows to evaluate the aging of the electrodes and to assess the means of restoring fresh surfaces.

2. *Experimental conditions:*

Electrochemical experiments were carried out with a conventional three electrodes cell and a Princeton Applied Research Inc. Potentiostat/Galvanostat Model 263A. Stainless steel 304 L (0.3 % C, 17 to 19 % Cr, 9 to 11 % Ni, 1 % Si, 2 % Mn, 0.04 % P and 0.03 % S) disk (from GoodFellow, UK) exposing a geometrical area of 0.0314 cm^2 and mounted in Teflon® was used as working electrode. Stainless steel 304 L wires (GoodFellow, UK) were used as counter-electrode and a saturated calomel electrode (SCE) was used as reference electrode.

Before each measurements, the working electrode was polished with 1200, 2400 and 4000 grit SiC papers respectively and then rinsed with millipore water. Each electrochemical measurements was repeated at least 3 times in the same experimental conditions

All aqueous solutions were prepared using Ultra pure water provided by a Millipore filtration set up (18MΩ.cm). Carbonate solutions were prepared from $NaHCO_3$ (Merck, purity ≥ 99.5%) and the pH was set, as a first step, with few drops of concentrated sulfuric acid then, during the measurements, with a mixture of two gases (carbon dioxide + air) at different ratios. Indeed $[H_2CO_3]/[HCO_3^-]$ has to be maintained constant during the measurements by monitoring CO_2 partial pressure.

The solutions containing chloride ions were prepared using NaCl (Sigma Aldrich, purity ≥ 99.8%). All other chemical products were reagent grade.

Sodium chloride, buffer solution, urea and lactic acid concentrations were selected within the expected concentration range in sweat [4].

3. Results and discussions:

3.1. *Influence of pH on the electrochemical behavior of SS 304L in carbonate solutions:*

As a first step, the electrochemical behavior of SS 304 L in carbonate solutions (36 mM) at different pH values was evaluated in the absence of chloride ions. Cyclic voltammograms (CVs) were recorded for SS 304 L at a scan rate of 100 mV/s, in the potential range from -0.3 → 1.4 → -1.4V_{SCE}.

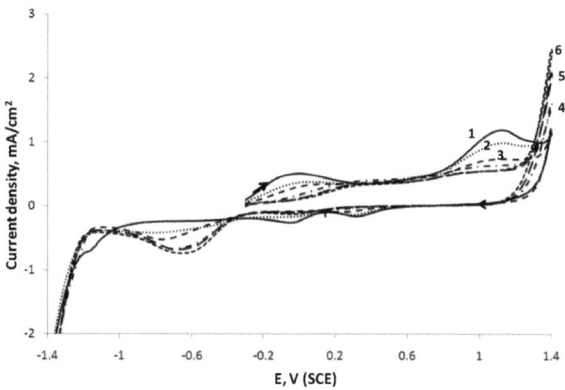

Figure 1: Cyclic voltammograms of SS 304L electrode in aerated carbonate solutions (36 mM) in absence of NaCl. Curve1: pH 3; Curve 2: pH 4; Curve 3: pH 5; Curve 4: pH 6; Curve 5 : pH 7; Curve 6 : pH 8. Scan rate = 100 mV/s.

The obtained voltammograms are shown in figure 1. The first anodic peak at 0 V_{SCE} can be ascribed to the electro-formation of Fe(II) hydroxide and $FeCO_3$ upon the Cr(III)-containing passivating layer existing on the electrode [7,18-19]. At higher anodic potentials, the SS 304 L is passivated through the progressive formation of iron (III) oxide [7,18]. The peak observed at 1.1 V_{SCE} is associated to the oxidation of Cr (III) to Cr (VI)[7-8,19]. The intensity of both anodic peaks increases with decreasing pH values. The large anodic current observed for pH >

4 and occurring at potentials exceeding the second anodic peak is mainly related to the oxygen evolution at the surface of the electrode. However, no particular feature in the cyclic voltammograms of SS 304 L can be directly attributed to the oxidation of Ni and the formation of NiO, as shown in previous study on nickel electrode [4].

On the backward scan, a reduction peak is observed at a potential of 0.3 V_{SCE}. It can be related to the reduction of Cr(VI) to Cr(III) [7-8,18-19]. The Intensity of this peak increases with decreasing the pH value. At slightly alkaline and neutral solution, an additional cathodic peak is observed at a -0.6 V_{SCE}. Its intensity decreases with decreasing the pH, and it is then accompanied by the apparition of a third peak at 0 V_{SCE}. The two cathodic peaks observed at 0 V_{SCE} and -0.6 V_{SCE} can be ascribed to the reduction of Fe(III) to Fe(II) and Fe(II) to Fe(0) [7-8, 18-19]. Finally, the large reduction current observed at a potential of -1.2 V_{SCE}, is mainly related to the electrolyte reduction.

These results obtained in carbonate solutions at different pH values are in agreement with those previously described in neutral or slightly acid and alkaline media of various compositions and in absence of Cl$^-$.

The influence of the pH on the electrochemical behavior of SS 304 L in carbonate solutions (36 mM) was also examined in presence of 120 mM NaCl. In this part of our study, the SS 304L behavior was studied in a large range of pH in order to better understand the influence of pH. Nevertheless, in our case, the more significant results are those obtained in the pH range between 5 and 7.4 (which corresponds to the expected pH range in sweat [4,21] and the buffer range of carbonate solution). Figure 2-a, shows the positive potential going direction of the cyclic voltammograms recorded at different pH values. It clearly appears that in all cases, the presence of 120 mM of NaCl highly shifts the potential, for which a large anodic current is observed towards less positive values, compared to the obtained results in absence of NaCl (figure 1). This is due to the localized dissolution of SS 304L caused by the breakdown of the passive film due to Cl⁻ attack. Furthermore, by reporting the evolution of the breakdown potential (E_b) as a function of pH (figure 2b), it appears that for a pH range 2 to 8, E_b decreases by increasing the pH, but, conversely, for the pH range 8 to 12, E_b increases with increasing the pH. These results are in apparent disagreement with previous studies showing, in general, that E_b increases with the pH value [10, 22-24]; which is due to an increase in the resistance of the passive film. The difference with our results might be explained by changes in the experimental conditions, as the scan rate and the potential range scanned during the cyclic voltammograms

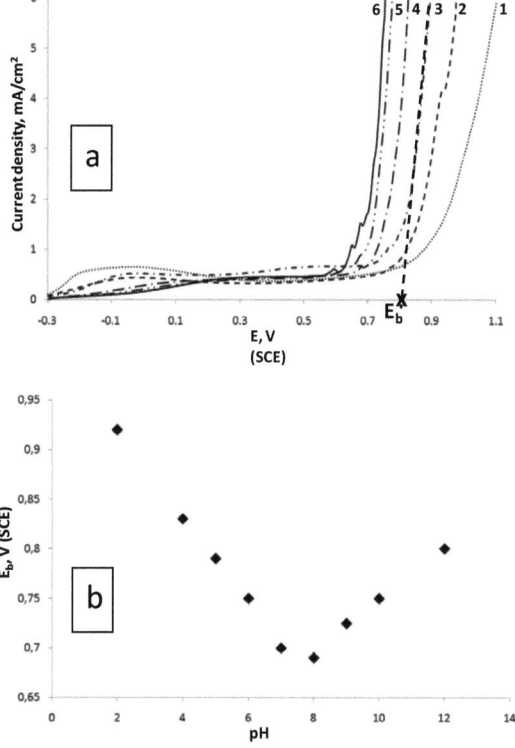

Figure 2: (a) Cyclic voltammograms of SS 304L electrode in aerated carbonate solutions (36 mM) in presence of 120 mM NaCl (curve 1: pH = 2; curve 2: pH = 4; curve 3: pH = 12; curve 4: pH = 6; curve 6: pH 7 and curve 6: pH 8). Scan rate = 100 mV/s. Only the forward scans are shown. (b) Evolution of the breakdown potential Eb of SS 304L with the pH of CBS (36 mM) containing 120 mM NaCl.

In order to further understand the origin of the E_b evolution with pH variation and evidence any influence of the nature of the buffer on the electrochemical behavior of SS 304L, SS 304L was studied in borate solution (36 mM) at different pH values (between 2 and 10) and containing 120 mM NaCl. The obtained results showed that the breakdown potential is slightly affected by the variation of pH value (data not shown) and highlight the influence of the nature of the acid/base system (carbonate or borate) on the electrochemical behavior of SS 304L.

Carbonate ion is generally known to have an inhibiting effect on the corrosion of stainless steel, manifested by a shift of the breakdown potentials to more positive values [9,22]. This inhibiting effect can be explained by the competitive adsorption of carbonate ions on the electrode surface, leading to a decrease of the Cl⁻ attack [9, 22]. The carbonate adsorption can be also accompanied by the formation of $FeCO_3$ film, which delays the local dissolution [9]. Indeed, the Pourbaix diagram for $Fe-CO_2-H_2O$ [25] indicates that $FeCO_3$ would be a solid phase [26]. The inhibiting effect of carbonate and the obtained results in borate solutions, led us to conclude that the ionic composition of the carbonate solution ($pK_{a,1}(H_2CO_3/HCO_3^-)$=6.4 and $pK_{a,2}(HCO_3^-/CO_3^{2-})$= 10.2), which changes with the pH variation, can be probably at the origin of the observed E_b evolution in figure 2a and b. Indeed, the inhibiting effect of carbonates seems to be enhanced when HCO_3^- is replaced by H_2CO_3 and CO_3^{2-}, predominantly present in acid and in strongly alkaline solutions, respectively.

The obtained results in figures 2a and b, tend to prove that, in CBS and in an experimental conditions close to that of SUDOSCAN™ technology, the effect of chloride ions on the electrochemical behavior of SS 304L, is enhanced in neutral or slightly acid or slightly alkaline solutions. Indeed, these results offer an insight and would be an indicator of the actual current-potentiel evolution in different sweat conditions, when using electrodes of large area during the clinical measurements.

Finally, it should be noticed here that these *in vitro* experimental conditions are much more agressive than the clinical ones where the contact between sweat and electrodes is only insured by the pores due to the appendageal ducts crossing the skin through a thin lipid layer [5].

3.2. Influence of chloride ions on the electrochemical behavior of SS 304L in carbonate buffer solutions (CBS)

In order to assess the influence of the concentration of chloride ions on SS electrochemical behavior, cyclic voltammograms were recorded on SS 304L in carbonate buffer solutions (36 mM, pH 7), without Cl⁻ and with increasing concentrations of Cl⁻ within the expected range of concentrations in sweat at rest.

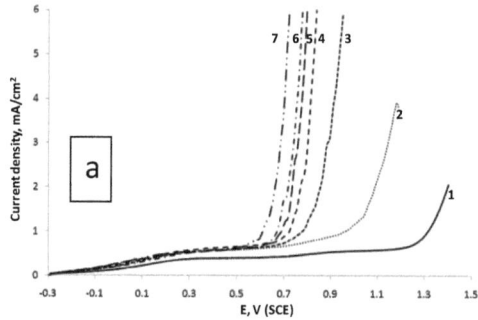

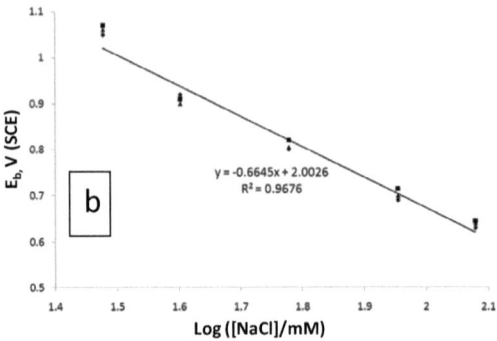

Figure 3 : (a) Cyclic voltammograms of SS 304L electrode in aerated CBS (36 mM, pH 7) in presence of NaCl (curve 1: 0 mM; curve 2: 30 mM; curve 3: 45 mM; curve 4: 60 mM; curve 5: 75 mM; curve 6: 90 mM and curve 7: 120 mM). Only the forward scans are shown. Scan rate = 100mV/s. (b) Evolution of the breakdown potential E_b of SS 304L in CBS (36 mM, pH 7) with log Cl⁻. Each experiment was reproduced three times.

Figure 3a shows the obtained voltammograms (potential scan rate starts at - 0.3 V_{SCE}). In all cases, the concentration of Cl⁻ is high enough to cause the destruction of the passive film. Furthermore, E_b decreases with increasing chloride concentration. A high shift of about 0.42 V was observed by varying chloride concentration from 30 to 120 mM at pH 7. It has been suggested that the breakdown occurred as a result of adsorption of Cl⁻ on oxide film followed by penetration of Cl⁻ into this film under the influence of an electrostatic field [10,22]. On the other hand, the breakdown of the passive film can be due to a reversible competition between Cl⁻, oxygen-containing species and carbonate for an adsorption site in the passive film/liquid interface. At a sufficiently high concentration, Cl⁻ causes the destruction of the passive film by displacing the adsorbed passivating species [10,22]. Hence, an increase in the concentrations ratios [Cl⁻]/[OH⁻] or [Cl⁻]/[HCO₃⁻] acts in favor of the adsorption of Cl⁻ and, thus, the weakness of the passive layer, leading to its breakdown at low potential values. This is shown in figure 3b where the evolution of the breakdown potential E_b of SS 304L is reported as a function of Cl⁻: the higher the chloride concentration, the lower the breakdown potential. These results also confirm the previously reported and discussed linear relationship between E_b and $Log([Cl^-])$ in various conditions [22-23,27].

The effect of adding increasing amounts of Cl^- on E_b of SS 304L in CBS (36 mM) at pH 5, 5.5 and 6 was also examined. Table 1 presents the E_b values deduced from cyclic voltammograms recorded (data not shown) at different pH and chloride ions concentration. It clearly appears that, at pH 5 and 5.5, the localized corrosion occurs only when Cl^- concentration exceeds 40 mM, whilst at pH 6, Cl^- concentration should exceed 30 mM.

Table 1: E_b values deduced from cyclic voltammograms recorded on SS 304L in CBS of different pH and containing various chloride ions concentration.

[NaCl](mM)	E_b, V_{SCE} (pH5)	E_b, V_{SCE} (pH5.5)	E_b, V_{SCE} (pH6)	E_b, V_{SCE} (pH7)
0	1.38	1.38	1.34	1.30
30	1.38	1.38	1.31	1.06
40	1.38	1.38	1.15	0.90
60	1.07	1.03	0.92	0.805
90	0.88	0.83	0.79	0.70
120	0.77	0.76	0.73	0.64

These results are coherent with those obtained in figures 2a and b. Indeed, at pH values lower than 8, decreasing the pH increases the resistance of SS 304L to Cl^- attack. Thus, within the expected limit of pH in sweat (between 5 and 7.4), the effect of chloride ions on the breakdown potential of SS 304L, increases with increasing the pH value. Nevertheless, in most cases, SS 304L shows a high sensitivity to the variation of the Cl^- concentration, manifested by a large shift of E_b.

3.3. Influence of carbonate buffer concentration on the electrochemical behavior of SS 304L

The influence of the concentration of CBS, at pH 6, was studied in presence of different concentrations of chlorides (30, 45, 60 and 120 mM). In the particular case of 120 mM NaCl, figure 4a shows the positive potential going direction of the cyclic voltammograms (potential scan rate starts at - 0.3 V_{SCE}) recorded on SS 304L in CBS at four different concentrations (0, 20, 30 and 40 mM). The obtained voltammograms show that the current density remains nearly constant and then increases abruptly when a critical potential value, E_b, is exceeded denoting a passive film breakdown and localized corrosion.

Moreover, the obtained voltammograms confirm the inhibiting effect of carbonates to the localized dissolution of SS 304L. Indeed, increasing the concentration of CBS leads to a shift of the breakdown potential (E_b) of SS 304L in the noble direction (towards higher anodic potentials). This is likely due to an increase in the ratio of concentration [HCO_3^-]/[Cl^-] that acts in favor of the adsorption of HCO_3^-, leading to an increase in the stability of the passive film.

Figure 4b presents the variation of E_b with the concentration of CBS at various chloride ions concentration (30, 45, 60 and 120mM). It is noteworthy that, in all cases, the increase in the concentration of CBS shifts linearly E_b towards higher anodic potentials. However, the slope value decreases with increasing the chloride concentration. This can be explained by the fact that the increase in the concentration ratios [Cl^-]/[HCO_3^-] reduces the inhibiting effect of carbonates. In other words, increasing Cl^- concentration decreases the shift of E_b when varying the concentration of CBS, because of the strong effect of Cl^- on the electrochemical behavior of SS 304L.

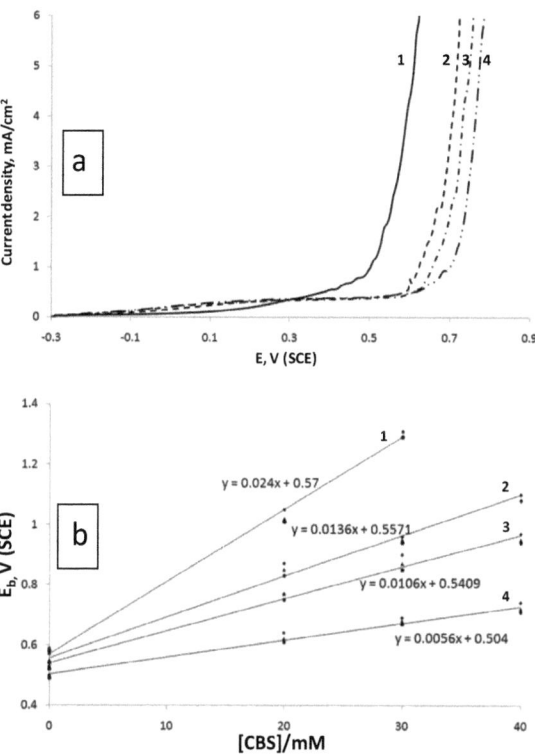

Figure 4: (a) Cyclic voltammograms of SS 304L electrode in aerated buffered solutions (pH 6) in presence of 120 mM NaCl and various CBS concentration (curve 1: 0 mM; curve 2: 20 mM; curve 3: 30 mM; curve 4: 40 mM). Only the forward scans are shown. Scan rate = 100mV/s. (b) Evolution of the breakdown potential E_b of SS 304L with CBS concentration of pH 6 for various chloride concentration (curve 1: 30 mM; curve 2: 45 mM; curve 3: 60 mM; curve 4: 120 mM). Each experiment was reproduced three times.

3.4. Influence of urea and lactate on the electrochemical behavior of SS 304L in carbonate buffer solutions

In order to mimic the electrochemical behavior of SS 304L in contact with sweat, that contains electrolytes such as potassium, sodium, chloride and metabolic wastes like urea and acid lactic [4,21,28-29], cyclic voltammograms of SS 304L were recorded in CBS (36 mM, pH 6) in presence of Cl⁻ (30, 45, 60 or 120 mM) and increasing concentrations of urea and lactic acid. We voluntarily limited the study to these two compounds which are evoked as being the main representative ones by clinical tests.

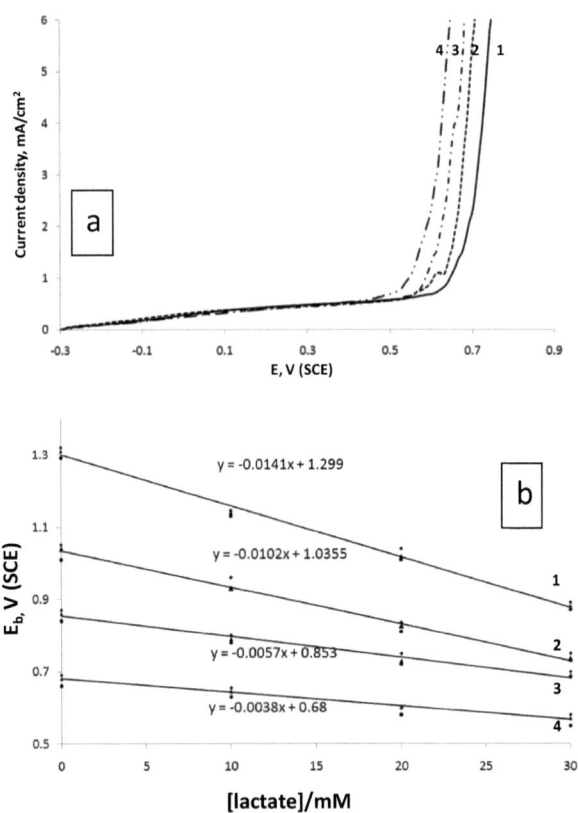

Figure 5: (a) Cyclic voltammograms of SS 304L electrode in aerated CBS (36 mM, pH 6) in presence of 120 mM NaCl and various lactate concentration (curve 1: 0 mM; curve 2: 20 mM; curve 3: 20 mM; curve 4: 30 mM). Only the forward scans are shown. Scan rate = 100mV/s. (b) Evolution of the breakdown potential E_b of SS 304L with lactate concentration in CBS (36 mM, pH 6) at various chloride concentration (curve 1: 30 mM; curve 2: 45 mM; curve 3: 60 mM; curve 4: 120 mM). Each experiment was reproduced three times.

In the particular case of 120 mM of NaCl, figure 5a shows the positive potential going direction of the cyclic voltammograms (potential scan rate starts at - 0.3 V_{SCE}) recorded on SS 304L in CBS (36 mM, pH 6) in presence of 120 mM NaCl and various concentrations of lactic acid (0, 10, 20 and 30 mM). The obtained results show that E_b decreases with increasing the lactic acid concentration. The fact that increasing the concentration of lactate acts in favor of the breakdown of the passive film can be explained by the adsorption of lactate at the electrode leading to the formation of a weak $Fe(C_3H_5O_3)_2$ layer at the surface of SS 304L [30].

Figure 5b shows the variation of E_b with acid lactic concentration at various chloride ions concentration (30, 45, 60 and 120mM). It is noteworthy that, in all cases, the increase in the concentration of lactate shifts linearly E_b towards lower anodic potentials. Nevertheless, the slope values of E_b *vs* [lactate] decrease with increasing the chloride ions concentration. This is probably due to the increase in the concentration ratios [Cl⁻]/[lactate], which reduces the possible intervention of lactate in the breakdown of the passive film.

Finally, the influence of increasing the concentration of urea on the electrochemical behavior of SS 304L was also studied in CBS (36 mM, pH 6) in presence of different NaCl concentrations. The obtained results clearly show that, for a given concentration of Cl⁻, urea does not affect the electrochemical behavior of SS 304L in the entire examined potential range (data not shown).

3.5. SS 304L ageing in carbonate buffer solutions

As mentioned above, the electrodes in SUDOSCAN^{TM} technology play alternately the role of anode and cathode and they do not undergo a specific pretreatment between measurements. This led us to study the experimental conditions where the SS 304L electrodes can be freshly renewed. Therefore, repeated cyclic voltammograms of SS 304L were performed at different potential ranges: (i) in a restricted anodic potential, (ii) in a negative extended potential range. All the measurements were conducted in aerated CBS (36 mM, pH 7) in presence of 120 mM NaCl. Figure 6a shows the obtained results in a restricted anodic range of -0.3 V_{SCE} to 0.85 V_{SCE} and return to -0.3 V_{SCE} (anode region only). It clearly appears that the first potential sweep strongly affects the subsequent cyclic voltammograms: a large shift of E_b, towards higher anodic potentials, is observed during the second cycle. These results indicate that the passive film formed during the subsequent cycle is much more compact than the film formed in the first sweep.

When sweeping in a negative extended potential range, we found that the re-activation or renewing of the electrode surface is possible only if the potential scan is extended down to -1.4 V_{SCE}. Indeed, figure 6b shows that in a potential range of -0.3 → 0.85 → -1.4 V_{SCE}, the obtained E_b during the first and the second cycle are similar. The re-activation of the electrode surface could be due to a partial dissolution of the passive film [11,31-32] and notably the outer passive layer mainly composed of Fe-oxides and hydroxides (as FeO, $Fe(OH)_2$, Fe_3O_4 and Fe_2O_3). A partial reduction of NiO or $Ni(OH)_2$ could also contribute to this re-activation [4]. In fact, the partial dissolution is probably accompanied by a surface modification or post-electrochemical re-organization of the initial deposited species leading to an increase in the ionic and electronic conductivity of the surface of SS 304L electrode.

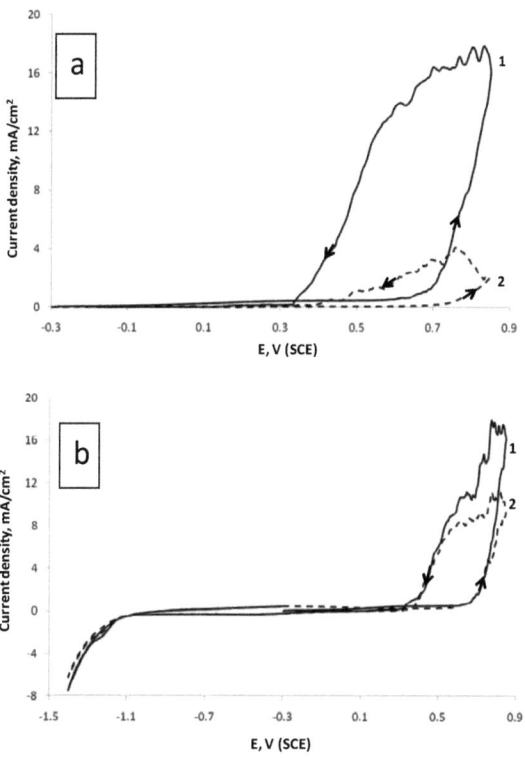

Figure 6: Two successive cyclic voltammograms of SS 304L electrode in aerated CBS (36 mM, pH 7) in presence of 120 mM NaCl at different potential ranges (a) : -0.3 → 0.85 → -0.3 → 0.85 V_{SCE} and (b) : -0.3 → 0.85 → -1.4 → -0.3 → 0.85 V_{SCE}. Scan rate = 100mV/s.

It should be noticed here that the same experiments have been also performed in a limited potential range (before reaching the breakdown potential). The obtained results (data not shown) are coherent with those presented in figures 6a and b. Indeed, in a restricted anodic range (-0.3 → 0.5 → -0.3), the obtained results show that an anodic plateau, related to SS 304L oxidation, is observed during the first cycle but it disappears during the second one. When sweeping in a negative extended potential range, during the second cycle, a similar oxidation process to that observed during the first cycle, occurs only if the potential scan is extended down to -1.4 V_{SCE}.

4. Conclusion:

In the present work, electrochemical behavior of SS 304L was thoroughly studied in carbonate buffer solutions in presence of chloride, lactate and urea in order to understand the adequacy of this material to the mentioned clinical tests and, more particularly, its sensitivity to the variation of different components of sweat. In most cases, within the expected concentration range in sweat at rest, the concentration of Cl^- is high enough to cause the breakdown of the passive film formed on the surface of SS 304L. Furthermore, the breakdown potential (E_b) of SS 304L is highly affected by the variation of Cl^- concentration. It is also shown that the variation of pH, buffer concentration and lactate concentration affect the electrochemical behavior of SS 304L by displacing E_b towards less or higher anodic potentials. As the variation range of these parameters in sweat is low compared to that of Cl^-, and as the breakdown potential (E_b) is highly shifted by varying Cl^- concentration, the currents obtained during the clinical tests are likely to be controlled by the variation of Cl^- concentration. These results tend to prove that SS 304L is suitable to the SUDOSCAN^{TM} application due to its high capacity to detect the deviation in the ionic balance and notably the deviation in Cl^- concentration; thus, allowing the clinical assessment of sudomotor dysfunction observed in early diabetes stages. This study also indicates that the re-activation of the electrodes could be possible if the induced cathodic potentials, after applying an incremental voltage at the anode, reach values of less than -1.4 V_{SCE}.

References:

[1] V. Poitout, R.P. Robertson, Minireview: secondary β-cell failure in type 2 diabetes—a convergence of glucotoxicity and lipotoxicity Endocrinology 143 (2002) 339

[2] A.I. Vinik, R.E. Maser, B.D. Mitchell, R.Freeman, Diabetic autonomic neuropathy, Diabetes Care 26 (2003) 1553-1579

[3] P. Brunswick, N. Bocquet, *Patent number: France 0753461 and PCT EP2008/052211*

[4] H. Ayoub, S. Griveau, V. Lair, P. Brunswick, M. Cassir, F. Bedioui, Electrochemical Characterization of Nickel Electrodes in Phosphate and Carbonate Electrolytes in View of Assessing a Medical Diagnostic Device for the Detection of Early Diabetes, Electroanalysis 22 (2010) 2483-2490

[5] K. Khalfallah, H. Ayoub, J. H. Calvet, X. Neveu, P. Brunswick, S. Griveau, V. Lair, M. Cassir, F. Bedioui, Non Invasive Galvanic Skin Sensor for Early Diagnosis of Sudomotor Dysfunction: Application to Diabetes, IEEE sensors Journal DOI : 10.1109/JSEN.2010.2103308

[6] H. Ayoub, V. Lair, S. Griveau, P. Brunswick, F. Bedioui, M. Cassir, SUDOSCAN device for the early detection of diabetes: in vitro measurements versus results of clinical tests, Sensor Letters journal (2011) article in press

[7] M. Drogowska, H. Ménard, L. Brossard, Electrooxidation of stainless steel AISI 304 in carbonate aqueous solution Applied Electrochemistry 26 (1996) 217-225

[8] A. Kocijan, C. Donik, M. Jenko, Electrochemical and XPS studies of the passive film formed on stainless steels in borate buffer and chloride solutions, Corrosion science 49 (2007) 2083-2098

[9] M. Drogowska, H. Ménard, Pitting of AISI 304 stainless steel in bicarbonate and chloride solutions, Applied Electrochemistry 27 (1997) 169-177

[10] K.V.S. Ramana, T. Anita, S. Mandal, S. Kaliappan, H. Shaikh, P.V. Sivaprasad, R.K. Dayal, H.S. Khatak, Effect of different environmental parameters on pitting behavior of AISI type 316L stainless steel: Experimental studies and neutral network modeling, Materials and Design 30 (2009) 3770-3775

[11] Z.B. Saleh, A. Shahryari, S. Omanovic, Enhancement of corrosion resistance of a biomedical grade 316LVM stainless steel by potentiodynamic cyclic polarization, Thin Solid Films 515 (2007) 4727-4737

[12] T.L. Sudesh L. Wijesinghe, D.J. Blackwood, Characterization of passive films on 300 series stainless steel, Corrosion Science 253 (2006)1006-1009

[13] R. Kasri, J.M. Olive, M. Puiggali, D. Desjardins, The stress corrosion cracking of austenitic stainless steel in H_3BO_3 + NaCl solutions between, 100°C and 200°C, Corrosion Science 35 (1993) 443-455

[14] N. E. Hakiki, M. Da Cunha Belo, A. M. P. Simões and M. G. S. Ferreira, Semiconducting properties of passive films formed on stainless steel, Electrochemical Society 145 (1998) 3821-3829

[15] G. Lorang, M. Da Cunha Belo, A. M. P. Simões, M. G. S. Ferreira, Chemical composition of passive films on AISI 304 stainless steel, Electrochemical Society 141 (1994) 3347-3356

[16] N. Ramasubramanian, N. Preocanin, and R. D. Davidson, Analysis of passive films on stainless steel by cyclic voltammetry and Auger spectroscopy, Electrochemical Society 132 (1985) 793-798

[17] R. Rabic, M. Metikos-Hukovic, Semiconducting properties of passive films on AISI 304 and 316 stainless steels, Electroanalytical Chemistry 385 (1993) 143-160

[18] I. Milosev, Effect of complexing agents on the electrochemical behaviour of orthopaedic stainless steel in physiological solution, Applied Electrochemistry 32(2002) 311-320

[19] A. Kocijan, D.K. Merl, M. Jenko, The corrosion behaviour of austenitic and duplex stainless steels in artificial saliva with the addition of fluoride, Corrosion Science 53 (2011) 776-783

[20] M. Conradi, P.M. Schon, A. Kocijan, M. Jenko, G. Julius Vancso, Surface analysis of localized corrosion of austenitic 316L and duplex 2205 stainless steels in simulated body solutions, Material Chemistry and Physics 130 (2011) 708-713

[21] A.B. Stefaniak, C.J.Harvey, Dissolution of material in artificial skin surface film liquids, Toxicology in Vitro 20 (2006) 1265-1283

[22] S.A.M Refaey, F.Taha, A.M.Abd El Malak, Corrosion and inhibition of stainless steel pitting corrosion in alkaline medium and the effect of Cl^- and Br^- anions, Applied Surface Science 242 (2005) 114-120

[23] A.U. Mailk, P.C.M. Kutty, N.A. Siddiqi, I.N. Andijani, S. Ahmed, The influence of pH and chloride concentration on the corrosion behaviour of AISI 316L steel in aqueous solutions Corrosion Science 33 (1992) 1809-1827

[24] V. Guinon-Pina, A. Igual-Minoz, J. Garcia-anton, Influence of pH on the electrochemical behaviour of duplex stainless steel in highly concentrated LiBr solutions, Corrosion Science 53 (2011) 575-581

[25] E. Deltombe, M .Pourbaix, 'Comportement électrochimique du Fer en solution carbonique, diagrammes d'équilibre tension-pH du système $Fe-CO2-H2O$ à 25°C, CEBELCOR' Rapport technique N°.8 (1954).

[26] G.H. Sillen, A.E. Martell, 'Stability Constants of Metal-Ion Complexes', Special Publication 17, The Chemical Society, London (1964) ; 'CRC Handbook of Chemistry and Physics', 74th edn (edited by D.R.Lide), CRC Press, London (1993)

[27] M.A.M. Ibrahim, S.S. Abd El Rehim, and M.M. Hamza, Corrosion behavior of some austenitic stainless steels in chloride environments, Materials Chemistry and Physics 115 (2009) 80-85

[28] D. Morris, S. Coyle, Y. Wu, K.T. Lau, G. Wallace, D. Diamond, Bio-sensing textile based patch with integrated optical detection system for sweat monitoring, Sensors and Actuators B: Chemical 139 (2009) 231-236

[29] J. Weber, A. Kumar, A. Kumar, S. Bhansali, Novel lactate and pH biosensor for skin and sweat analysis based on single walled carbon nanotubes, Sensors and Actuators B: Chemical 117 (2006) 308-313

[30] R. Sabot, M. Jeannin, M. Gadouleau, Q. Guo, E. Sicre, Ph. Refait, Influence of lactate ions on the formation of rust, Corrosion Science 49 (2007) 1610-1624

[31] T.P. Hoar, The production and breakdown of the passivity of metals, Corrosion Science 7 (1967) 341-355

[32] L. Veleva, M. A Alpuche-Aviles, M.K Graves-Brook, D. O Wipf, Comparative cyclic voltammetry and surface analysis of passive films grown on stainless steel 316 in concrete pore model solutions, Electranalytical Chemistry 537 (2002) 85-93

Conclusion générale

Conclusion générale

La société *Impeto Médical* a conçu une nouvelle technologie permettant le diagnostic précoce, rapide et non invasif du dysfonctionnement sudomoteur menant à la détection du risque de certaines maladies, notamment du diabète. Ce travail de thèse s'inscrit dans le cadre d'une meilleure compréhension des phénomènes physico-chimiques mis en jeu lors des mesures cliniques et de l'optimisation de cette nouvelle technologie.

Durant les tests cliniques, de basses tensions continues d'amplitude variable sont appliquées aux électrodes de nickel positionnées sur des régions du corps où la densité des glandes sudoripares est élevée (paume des mains, plante des pieds et front) et les courants électriques générés sont mesurés. Ceci nous a amené à étudier, dans une première étape, le comportement électrochimique du nickel dans des solutions tampons phosphate et carbonate dans lesquelles le pH, la concentration du tampon, de chlorure, de l'urée et du lactate ont été modifiées en respectant les gammes de pH et de concentrations de différents composants dans la sueur. Les mesures électrochimiques ont été réalisées à l'aide d'un montage à 3 électrodes en nickel afin de mimer la configuration de la totalité des électrodes dans cette nouvelle technologie. Les résultats obtenus ont montré que :

- ✓ Pour des potentiels anodiques peu élevés, le nickel s'oxyde en Ni(II) menant à la formation d'un film passif composé probablement d'une couche inerte de NiO et d'une couche externe de $Ni(OH)_2$. A des potentiels anodiques élevés, la présence de chlorure mène à la destruction du film passif, ce qui conduit à l'apparition d'un mur anodique lié à la dissolution localisée du nickel.

- ✓ Pour des potentiels cathodiques peu élevés, les processus électrochimiques sont principalement reliés à la réduction du film passif, tandis que la réduction de l'électrolyte et du film passif sont à l'origine des courants obtenus à des potentiels élevés.
- ✓ La variation de la concentration de chlorures est le paramètre clé dans la mesure électrochimique, de par son contrôle des courants anodiques obtenus à des potentiels anodiques élevés. Ceci se manifeste particulièrement, par une évolution du potentiel de piqûration, en fonction de la concentration de chlorures.
- ✓ Un balayage cathodique permet de rafraîchir la surface des électrodes et d'assurer la sensibilité des électrodes de nickel.

Cette étude a été suivie par une simulation des tests cliniques en mesurant la variation du courant en fonction des potentiels anodiques appliqués (I vs E), en fonction des potentiels cathodiques induits (I vs I V I) et en fonction de leurs différences (I vs U + I V I). Pour cela, nous avons mis au point un montage permettant de mesurer le courant électrochimique généré et les potentiels pris par la cathode, en effectuant un balayage vers des potentiels anodiques sur l'électrode de travail. Ces mesures ont été réalisées dans des solutions reproduisant les conditions d'acidité et de salinité de la sueur. Les résultats obtenus ont montré que :

- ✓ Les allures des courbes obtenues sont proches de celles des mesures cliniques. Ceci nous a permis de constater que les réactions électrochimiques gouvernent l'origine des courants obtenus durant les tests cliniques.
- ✓ La variation de la concentration de chlorures a une forte influence sur l'évolution du courant en fonction de E, V et U. Ceci prouve l'efficacité de cette méthode utilisée pour détecter la déviation du balance ionique dans la sueur, notamment la déviation de la concentration de chlorures et

confirme que cette dernière est le paramètre clé dans l'analyse du dysfonctionnement sudomoteur.

Ensuite, nous avons analysé l'évolution de la surface des électrodes du nickel après vieillissement, afin de s'assurer de la bonne performance des électrodes. En fait, durant les tests cliniques, les électrodes de nickel jouent alternativement le rôle d'anode et de cathode et ne subissent pas un traitement spécifique avant chaque mesure. Pour cela, un vieillissement électrochimique (par cycles successifs) des électrodes de nickel a été réalisé dans différentes gammes de potentiel. Ce vieillissement a été accompagné par une analyse spectroscopique « XPS et SIMS » des différents échantillons vieillis. Les résultats obtenus ont montré que :

- ✓ Dans des gammes restreintes de potentiels anodiques, un film passif solide ayant une couche couche inerte de NiO et une couche externe de $Ni(OH)_2$, se forme à la surface des électrodes et dont l'épaisseur ($\approx$ 1nm) augmente légèrement après vieillissement. Ce film rigide mène à une diminution de la sensibilité électrochimique des électrodes aux différents composants de la sueur.
- ✓ En balayant dans des gammes de potentiel étendues vers la partie cathodique, les électrodes de Ni conservent, pendant un grand nombre de cycles successifs, un comportement anodique quasi-similaire. Néanmoins, en augmentant le nombre de cycles, les résultats XPS ont montré une augmentation progressive de l'épaisseur du film passif ($\approx$ 4nm après 12 cycles), notamment de sa couche inerte NiO.
- ✓ L'alternation de la polarité des électrodes est un paramètre clé pour assurer la sensibilité et reproductibilité de mesures pendant un grand nombre de tests cliniques. Néanmoins, lors de l'utilisation fréquente des électrodes, l'interaction électrodes/sueur peut mener à une légère

dégradation de la surface des électrodes. Par ailleurs, étant donné que nos conditions expérimentales sont beaucoup plus agressives que celles des mesures cliniques, il est très difficile, à ce stade, d'estimer la durée de vie des électrodes.

Nous avons montré précédemment que la variation de la concentration de chlorures dans la sueur est un paramètre clé dans l'analyse du dysfonctionnement sudomoteur, en contrôlant notamment les courants anodiques liés à la dissolution localisée du nickel. Ceci nous a amené à réaliser une analyse cinétique des réactions électrochimiques liées à la dissolution localisée du nickel dans des solutions reproduisant les conditions d'acidité et de salinité de la sueur. L'objectif de cette partie était de définir les mécanismes des différentes réactions ayant lieu à la surface des électrodes et de permettre à la société « Impeto Médical », de compléter un modèle théorique des signaux électriques obtenus lors des mesures cliniques. Nous avons eu recours au départ à la relation de Tafel pour définir l'étape limitante. Ensuite, nous avons fait appel à des équations cinétiques pour déterminer la constante de vitesse de l'étape limitante et pour définir le nombre d'ions chlorure impliqués avant ou pendant l'étape limitante. Les résultats obtenus ont indiqué que :

- ✓ Dans une gamme de pH entre 5 et 7, l'étape limitante est probablement la première réaction de transfert de charge.
- ✓ A des pH neutres, deux ions chlorure sont probablement impliqués, tandis que dans des solutions de faible acidité (entre 5 et 6) un seul ion chlorure est impliqué.
- ✓ A des pH neutres, les électrodes de nickel sont probablement plus sensibles, aux ions chlorure.

Il est à noter que le modèle théorique établi par la société « Impeto Médical », récemment modifié en exploitant les paramètres cinétiques définis dans cette partie, semble bien correspondre aux signaux électriques obtenus durant les tests cliniques.

La dernière partie de notre étude a été dédiée à l'analyse du comportement électrochimique de l'acier inox 304L dans des solutions tampons carbonate (CBS) reproduisant les conditions de la sueur. Nous avons plus particulièrement analysé la sensibilité de l'acier inox 304L à la variation des composants principaux de la sueur, notamment la concentration de chlorure, urée et lactate. Ceci vise à évaluer la pertinence du choix de l'acier inox 304L à l'application médicale et donc d'étudier la possibilité de remplacer le nickel par un autre matériau. L'acier inox 304L a été sélectionné à cause de sa nature non-allergique ; il est déjà utilisé dans les instruments chirurgicaux, par exemple. Les résultats obtenus ont montré que :

- ✓ L'acier inox 304L est très sensible à la variation de la concentration de chlorure. En effet, en variant la concentration de chlorure, les courbes de polarisation montrent un large déplacement du potentiel de piqûration.
- ✓ La variation du pH, de la concentration de lactate et de la concentration du tampon affecte le comportement électrochimique de l'acier inox 304L en déplaçant, notamment, le potentiel de piqûration (E_b) vers des potentiels anodiques plus ou moins élevés. Néanmoins, étant donné que la gamme de la variation des ces paramètres dans la sueur est beaucoup moins élevée par rapport à celle de chlorure, il nous semble que pendant les mesures cliniques, les courants seront probablement contrôlés par la variation de la concentration de chlorures dans la sueur.
- ✓ La capacité de l'acier inox 304L à détecter la déviation de la balance ionique dans la sueur, notamment la variation de la concentration de chlorures. Par conséquent, l'inox 304L semble être un potentiel matériau de substitution pour le nickel dans cette nouvelle technologie.

Parmi les perspectives de ce travail, nous recommandons, en premier lieu, d'effectuer des recherches sur le comportement électrique de la peau à l'aide de membranes artificielles qui pourront simuler d'une manière plus appropriée le milieu réel de la peau, notamment au niveau des canaux sudorifères.

Nous préconisons également d'approfondir l'étude du vieillissement des électrodes afin d'estimer de façon rigoureuse leur durée de vie. Une étude comparative entre les échantillons vieillis « in vitro » et en milieu réel permettra de modéliser le comportement à long terme des électrodes et prévoir leur remplacement.

En outre, une étude systématique sur le comportement électrochimique de matériaux de substitution du Ni, notamment de nouvelles compositions d'acier inoxydable, est indispensable pour analyser leur adéquation avec l'application médicale et sélectionner le matériau optimal.

Références bibliographiques (relatives à la partie non présentée sous formes d'articles)

1. G.Lauria, R.Lombardi, *British Medical Journal*, 2007. **334**: p. 1159.
2. P.Brunzwick, N.Bocquet, *Patent number : France 0753461 and PCT EP2008/052211*.
3. P.M.Quinton, M.M.Reddy, *Annals of the New York Academy of Sciences*, 1989. **574**: p. 438.
4. A.B.Stefaniak, C.J.Harvey, *Toxicology in Vitro*, 2006. **20**: p. 1265.
5. V.Lair, V.Albin, P.Brunzwick, A.Ringuédé, M.Cassir, *Rapport interne*, 2006.
6. M-0. Delcourt. N.Bois, F.Chouaib, *Equilibre chimiques en solution; De Boeck & Larcier* 2001, Bruxelles.
7. R.E.Hummel, R.J.Smith, E.D.Verink, *Corrosion Science*, 1987. **27**: p. 803.
8. M.Okuyama, S.Haruyama, *Corrosion Science*, 1974. **14**: p. 1.
9. B.MacDougall, M.Cohen, *Corrosion Science*, 1976. **123**: p. 191.
10. N.Sato, K.Kudo, *Electrochimica Acta*, 1974. **19**: p. 461.
11. R.Nishimura, *Corrosion NACE*, 1987. **43**: p. 486.
12. E.M.A.Martini, S.T.Amaral, I.L.Muller, *Corrosion Science*, 2004. **9**: p. 2097.
13. L.J.Oblonsky, T.M.Devine, *Corrosion Science*, 1995. **35**: p. 17.
14. J.L.Ord, J.C.Clayton, D.J.DeSmet, *Journal of Electrochemical Society*, 1977. **124**: p. 1754.
15. I.Milosev, T.Kosec, *Electrochimica Acta*, 2007. **52**: p. 6799.
16. S.G.Real, M.R.Barbosa, *Journal of Electrochemical Society*, 1990. **137**: p. 1696.
17. T.H.Nguyen, R.T.Foley, *Journal of Electrochemical Society*, 1979. **126**: p. 1855.
18. Y.A.El Tantawy, F.M.El Kharafi, *Electrochimica Acta*, 1982. **27**: p. 691.
19. E. E. Abd El Aal, *Corrosion Science*, 2003. **45**: p. 759.
20. S.M. Abd El Haleem, S.Abd El Wanees, *Material Chemistry and Physics*, 2011. **128**: p. 418.
21. T.Kosec, I.Milosev, *Materials Chemistry and Physics*, 2007. **104**: p. 44.
22. G.Susseck, M.Kesten, *Corrosion Science*, 1975. **15**: p. 225.
23. H.-H. Strehblow, B.Titze, *Corrosion Science*, 1977. **17**: p. 461.
24. C.Y.Chao, Z.Szklarska-Smialowska, D.D.MacDonald, *Journal of Electroanalytical Chemistry*, 1982. **131**: p. 289.
25. S.A.M.Refaey, F.Taha, T.H.A.Hasanin, *Electrochimica Acta*, 2006. **51**: p. 2942.
26. N.Sato, G.Okamoto, *Journal of Electrochemical Society*, 1963. **110**: p. 605.
27. N.E.Hakiki, M.Da Cunha Belo, A.M.P. Simôes, M.G.S.Ferreira, *Journal of Electrochemical Society*, 1989. **136**: p. 1328.
28. C.Kalinski, H.-H. Strehblow, *Journal of Electrochemical Society*, 1989. **136**: p. 1328.

29. G.Lorang, M.Da Cunha Belo, A.M.P. Simôes, M.G.S.Ferreira, *Journal of Electrochemical Society*, 1994. **141**: p. 3347.
30. N.Ramasubramanian, N.Preocanin, R.D.Davison, *Journal of Electrochemical Society*, 1985. **132**: p. 793.
31. A.Rossi, B.Elsener, *Proceedings of the 12th International Corrosion Congress*, 1993: p. 2120.
32. Z.Szklarska-Smialowska, *'Pitting Corrosion of Metals' (NACE,Houston,TX)*, 1986: p. 143.
33. I.Milosev, H.-H. Strehblow, *Biomedical Materials Research*, 2000. **52**: p. 404.
34. I.Milosev, *Journal of Applied Electrochemistry*, 2002. **32**: p. 311.
35. M.Pourbaix, *'Atlas of Electrochemical Equilibria in Aqueous Solutions' (NACE,Cebelcor, Huston, Brussels)*, 1974.
36. A.Kocijan, C.Donik, M.Jenko, *Corrosion Science*, 2007. **49**: p. 2083.
37. A.Kocijan, D.K.Merl, M.Jenko, *Corrosion Science*, in press, 2010.
38. C.M.Abreu, M.J.Cristobal, X.R.Novoa, G.Pena, M.C.Pérez, *Electrochimica Acta*, 2002. **47**: p. 2215.
39. M.A.M.Ibrahim, S.S.Abd El Rehim, M.M.Hamza, *Materials Chemistry and Physics*, 2009. **115**: p. 80.
40. A.U.Malik, P.C.Mayan Kutty, N.A.Siddiki, I.N.Andijani, S.Ahmed, *Corrosion Science*, 1992. **33**: p. 1809.
41. S.A.M.Refaey, F.Taha, A.M.Abd El-Malak, *Applied Surface Science*, 2005. **242**: p. 114.
42. M.Drogowska, H.Ménard, *Journal of Applied Electrochemistry*, 1997. **27**: p. 169.
43. G.Trabanelli, in*'Corrosion Mechanisms' (edited by F.Mansfeld) Dekker, New York,* 1987
44. J.A.Bardawell, B.MacDougall, M.J.Graham, *Journal of Electrochemical Society*, 1988. **135**: p. 340.
45. J.A.Bardawell, B.MacDougall, *Journal of Electrochemical Society*, 1988. **135**: p. 2157.
46. J.Augustynski, 'in Passivity of Metals' (edited by R.P.Frankenthal and J.Kruger), The Electrochemical Society, Princeton, NJ (1987).
47. S.SzKlarska-Smialowska, *'Pitting Corrosion of Metals' (NACE,Houston,TX)*, 1986: p. 33.
48. U.R.Evans, *Electrochimica Acta*, 1971. **16**: p. 1825.
49. E.Deltombe and M.Pourbaix, 'Comportement électrochimique du Fer en solution carbonique, diagrammes d'équilibre tension-pH du système Fe-CO_2-H_2O à 25°C, CEBELCOR' Rapport technique N°.8 (1954).
50. L.Freire, M.J.Carmezim, M.G.S.Ferreira, M.F.Montemor, *Electrochimica Acta*, in press.
51. K.V.S.Ramana, T.Anita, S.Mandal, S.Kaliappan, H.Shaikh, P.V.Sivaprasad, R.K.Dayal, H.S.Khatal, *Materials ans Design*, 2009. **30**: p. 3770.

52. R.Sabot, M.Jeannin, M.Gadouleau, Q.Guo, E.Sicre, Ph.Refait, *Corrosion Science*, 2007. **49**: p. 1610.
53. R.J.Smith, R.E.Hummel, J.R.Ambrose, *Corrosion Science*, 1987. **27**: p. 815.
54. S.G.Real, M.R.Barbosa, J.R.Vilche, A.J.Arvia, *Journal of Electrochemical Society*, 1990. **137**: p. 1696.
55. B.MacDougall, M.Cohen, *Electrochimica Acta*, 1987. **23**: p. 145
56. P.Marcus, V.Maurice, H.-H. Strehblow, *Corrosion Science*, 2008. **50**: p. 2698.
57. P.Shuddhodan, P.Mishra, Tej B.Singh, *Applied Radiation and Isotopes*, 1987. **38**: p. 289.
58. A.Kawashima, K.Asami, K.Hashimoto, *Non-Crystalline Solids*, 1985. **70**: p. 69.
59. G.H.Awad, T.P.Hoar, *Corrosion Science*, 1975. **15**: p. 581.
60. M.J.Franklin, D.C.White, H.S.Isaacs, *Corrosion Science*, 1992. **33**: p. 251.
61. I.V.Sieber, H.Hildebrand, S.Virtanen, P.Schmuki, *Corrosion Science*, 2006. **48**: p. 3472.
62. C.A.Borras, R.Romagnoli, R.O.Lezna, *Electrochimica Acta*, 2000. **45**: p. 1717.
63. T.P.Hoar, *Corrosion Science*, 1967. **7**: p. 341.
64. A.E.Bohé, J.R.Vilche, A.J.Arvia, *Journal of Applied Electrochemistry*, 1990. **20**: p. 418.
65. W.Visscher, E.Barendrecht, *Electrochimica Acta*, 1980. **25**: p. 651.
66. Y.A.Chizmadzev, A.V.Indenbom, P.I.Kuzmin, S.V.Kalichenko, J.C.Weaver, R.O.Potts, *Biophysical*, 1998. **74**: p. 843.
67. C.T.S.Ching, Y.Buisson, P.Conolly, *Sensors and Actuatos B: Chemical*, 2008. **129**: p. 504.

Annexes

Annexes

- Annexe 1 : Montage électrochimique particulier

(Citée dans la première partie du chapitre 3)

Ce montage nous a permis de suivre l'évolution du courant en fonction de : potentiels appliqués à l'anode (I vs E), potentiels pris par la cathode (I vs I V I) et leurs différences (I vs U = E + I V I). En balayant le potentiel dans le sens positif, sur l'électrode de travail, les potentiels cathodiques induits sur la contre électrode ont été mesurés simultanément.

Le pH de la solution a été fixé en ajoutant un mélange de 2 gaz (dioxyde de carbone et air) à la solution. En effet, le rapport de $[H_2CO_3]/[HCO_3^-]$ doit être maintenu constant pendant les mesures en surveillant la pression partielle de CO_2.

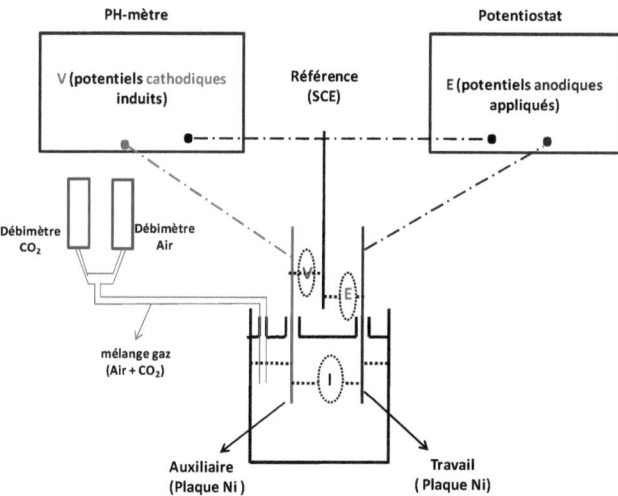

Figure A1-1: Montage électrochimique particulier permettant de détecter les courants électrochimiques générés et les potentiels cathodiques induits sur la contre électrode, en balayant le potentiel dans le sens positif sur l'électrode de travail

- Annexe 2 : Spectroscopie de Photoélectrons Induits par Rayons X (XPS)

(Citée dans la deuxième partie du chapitre 3)

L'analyse de la surface par spectroscopie de photoélectrons induits par rayons X (X-ray Photoelectron Spectroscopy ou XPS) nous a permis d'identifier la composition chimique, la nature et l'épaisseur des couches d'oxydes formées à la surface des plaques de nickel. Le spectromètre XPS utilisé est le spectromètre ESCALAB 250 de Thermo Electron Corporation (figure A.2). Pour chaque analyse, un spectre général a été enregistré à faible résolution (pass energy : E_p = 100 eV, step energy: 1 eV) sur un large domaine d'énergies afin d'identifier les éléments présents en surface. Des spectres à haute résolution (E_p = 20 eV, step energy: 0.1 eV) ont ensuite été enregistrés, sur des régions plus restreintes en énergie, correspondant aux pics de cœur principaux des éléments identifiés.

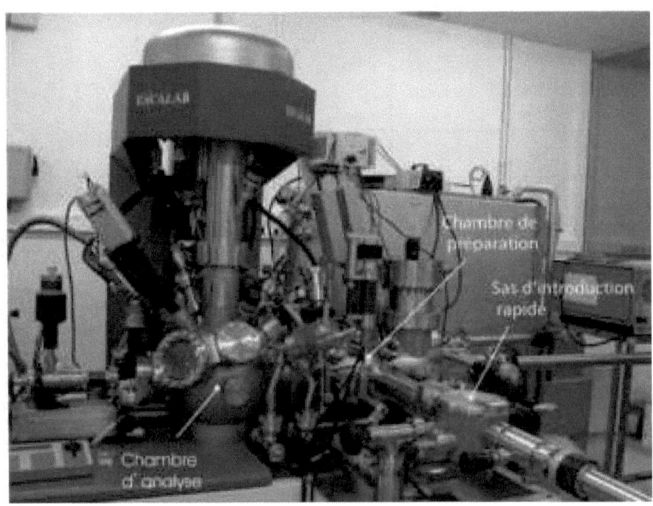

Figure A2-1 : Spectromètre XPS ESCALAB 250 de Thermo Electron Corporation

Principe de l'XPS :

La spectroscopie XPS est basée sur l'irradiation d'une surface par un faisceau de rayons X dans une enceinte sous ultra-vide. Si l'énergie des photons incidents est suffisante, des électrons de cœur des atomes irradiés sont éjectés avec une énergie cinétique E_c. La détermination à haute résolution de cette énergie cinétique permet de déterminer l'énergie de liaison de ces électrons par la relation :

$$E_l = h\nu - E_c - W_{travail}$$

où

- E_l est l'énergie de liaison de l'électron,
- $h\nu$ est l'énergie du photon incident,
- E_c est l'énergie cinétique de l'électron,
- $W_{travail}$ est le travail de sortie des électrons du spectromètre

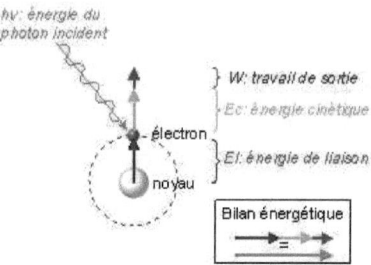

Figure A2-2 : Bilan énergétique pour l'XPS

L'énergie de liaison est caractéristique de l'élément dont les photoélectrons sont issus. De plus, même si les électrons de cœur arrachés à la matière ne participent pas aux mécanismes de liaison chimique des atomes, leur niveau d'énergie est perturbé par les transferts interatomiques des électrons de valence. Cette perturbation est à l'origine des différences d'énergie de liaison mesurées suivant l'environnement chimique de l'atome : un élément oxydé présente un défaut d'électrons, il en résulte que les électrons restants sont plus fortement liés au noyau et leur énergie de liaison se trouve en général augmentée par rapport au même élément non oxydé.

- Annexe 3 : La Spectrométrie de Masse d'Ions Secondaires à Temps de Vol (TOF-SIMS)

(Citée dans la deuxième partie du chapitre 3)

La spectrométrie de masse des ions secondaires à temps de vol (ToF-SIMS) est une technique d'analyse à très haute sensibilité des éléments chimiques en extrême surface d'un matériau. Elle permet de caractériser la composition élémentaire et moléculaire de l'extrême surface d'un matériau en analysant les ions secondaires éjectés lors du bombardement de l'échantillon par un faisceau d'ions primaires. Pour déterminer la composition en profondeur, un deuxième faisceau d'ions permet d'abraser progressivement la surface de l'échantillon. L'analyse des ions ainsi éjectés permet de suivre la composition en fonction de la profondeur avec une résolution inférieure au nm. Tous les éléments et leurs isotopes sont détectables. La quantification des signaux ioniques est possible grâce à des échantillons de référence contrôlés par une technique différente. Le TOF-SIMS est aussi un microscope ; les images sont générées par les ions secondaires émis. La résolution latérale est de l'ordre de 50 nm.

Figure A3-1 : Spectromètre TOF-SIMS V (ION-TOF GmbH)

Principe du TOF-SIMS:

L'interaction d'un faisceau d'ions de quelques centaines d'électron volt à quelques dizaines de keV avec un échantillon provoque la pulvérisation des atomes de la surface. Une fraction de ces atomes sont ionisés et sont accélérés dans l'analyseur de temps de vol avec une énergie de quelque keV. Il est possible d'ioniser des atomes éjectés restés neutres avec un laser. Comme l'énergie cinétique des ions est fixée par la tension d'extraction, le temps qu'il faut pour traverser l'analyseur est proportionnel à la racine carré du ratio masse/charge ($E=1/2mv^2$). Le faisceau d'analyse produit des pulse de l'ordre du ns, ce qui permet de chronométrer le temps de vol des ions et donc de déterminer leur masse, les plus rapides étant les plus léger. Autre caractéristique des analyseurs à temps de vol, plus le temps de comptage sera long, plus des ions ou des groupement d'ions de masse élevé seront détectés.

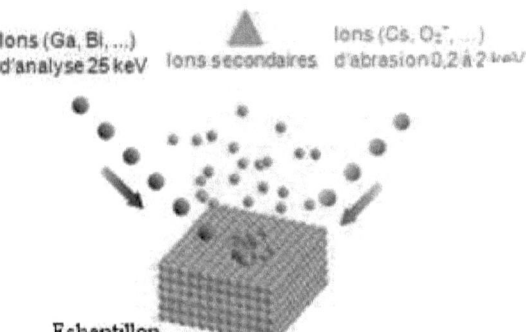

Figure A3-2 : Principe du TOF-SIMS avec schéma d'un profile en profondeur

Résumé

SUDOSCAN^{TM} est une nouvelle technologie, conçue par la société « Impeto Médical », pour l'analyse des fonctions sudomotrices, permettant de réaliser un diagnostic précoce du diabète. Cette technique non invasive est fondée sur des mesures de conductance de la peau via l'application de tensions de faible amplitude entre des électrodes de nickel appliquées au niveau de la peau et la mesure des faibles courants générés. La sensibilité de cette technologie est attribuée à la sensibilité des électrodes à la composition de la sueur.

Dans ce contexte et pour étayer cette hypothèse, une étude approfondie du comportement électrochimique du nickel a été menée dans des solutions mimant la sueur et à l'aide d'un montage mimant le dispositif médical. Cette étude a permis de déterminer l'origine des courants mesurés par SUDOSCAN^{TM} et montre que la nature des électrodes et la composition de la sueur en chlorure sont les deux paramètres clés de la sensibilité du nickel. Ceci nous a conduits à étudier l'influence de la concentration en chlorure sur la cinétique des réactions électrochimiques. Les mécanismes proposés et les paramètres cinétiques obtenus ont été ensuite exploités par Impeto Medical pour compléter un modèle théorique des signaux électriques obtenus durant les tests cliniques.

Une évaluation du vieillissement des électrodes sur leurs performances a par ailleurs été menée en réalisant des analyses de surface par spectroscopies XPS et SIMS. Nos résultats ont mis en évidence l'importance d'alterner la polarité des électrodes pour assurer leur sensibilité et la reproductibilité des mesures. Néanmoins, lors d'une utilisation fréquente, l'interaction électrodes/sueur peut mener à une légère dégradation de la surface des électrodes.

Finalement, les études électrochimiques ont été étendues à l'acier inox 304L comme matériau de remplacement du nickel afin de diminuer le risque allergique. L'étude électrochimique montre que l'inox 304L est sensible à la déviation de la balance ionique dans la sueur, ce qui fait de lui un matériau de substitution très prometteur.

Abstract

SUDOSCAN^{TM} is a new technology, conceived by the company « Impeto Medical », for the analysis of sudomotor functions, allowing to realize an early diagnosis of diabetes. This non invasive device is based on measurements of skin conductance via the application of low voltage potentials between nickel electrodes, placed on different skin regions, and measuring low generated currents. The sensitivity of this technology is attributed to the sensitivity of electrodes to sweat composition.

In this context and to support this hypothesis, an in-depth study of the electrochemical behavior of nickel was carried out in sweat-mimic solutions and using a set-up similar to that of the medical device. This study allowed us to define the origin of the measured currents by SUDOSCAN^{TM}. This study also clearly indicates that the nature of electrodes and the composition of sweat in chloride are the two key parameters allowing the sensitivity of nickel. This led us to study the influence of chloride concentrations on the kinetic of the electrochemical reactions. The proposed mechanisms and the obtained kinetic parameters were then used by « Impeto Medical » to complete a theoretical model of the obtained electrical signals during the clinical tests.

An evaluation of the ageing of electrodes on their performance was conducted by realizing a surface analyzes using XPS and SIMS spectroscopies. Our results have highlighted the importance of alternating the polarity of electrodes to ensure their sensitivity and the reproducibility of measurements. However, after frequent uses, the metal/sweat interaction can lead to a slight deterioration of the electrodes surface.

Finally, in order to reduce the allergic risk, the electrochemical studies were extended to the stainless steel 304L as a replacement material of nickel. The electrochemical study shows that stainless steel 304L is sensitive to the deviation of sweat ionic balance. This makes stainless steel 304L a substitution material very promising.

i want morebooks!

Buy your books fast and straightforward online - at one of world's fastest growing online book stores! Environmentally sound due to Print-on-Demand technologies.

Buy your books online at
www.get-morebooks.com

Achetez vos livres en ligne, vite et bien, sur l'une des librairies en ligne les plus performantes au monde!
En protégeant nos ressources et notre environnement grâce à l'impression à la demande.

La librairie en ligne pour acheter plus vite
www.morebooks.fr

 VDM Verlagsservicegesellschaft mbH
Heinrich-Böcking-Str. 6-8
D - 66121 Saarbrücken

Telefon: +49 681 3720 174
Telefax: +49 681 3720 1749

info@vdm-vsg.de
www.vdm-vsg.de

Printed by Books on Demand GmbH, Norderstedt / Germany